原発問題の深層

一宗教者の見た闇の力

内藤新吾

かんよう出版

目次

はじめに　5
第一章　原発問題は、深く平和の問題である　9
第二章　放射能はそんなに心配ない、ということにしたい人々　39
第三章　平和や環境の問題を、国家にだけ委ねてはならない　67
第四章　いのちを愛し、平和をつくりだす者として歩むこと　95
主な参考文献　123

はじめに

この書は、かんよう出版さん発行の『キリスト教文化』の二〇一四春号より二〇一五秋号までの四回に、連載を依頼されて「キリスト者として問う原発問題の深層」Ⅰ～Ⅳとして書いた文章を合わせたものです。原発震災から六年、また第一回の号より三年が過ぎ、その間に、原発をめぐる状況も少し動きのあったところがありましたので、そうしたことを幾つか補足したりしながら、これをまとめました。ですので、元の文章と比べて、時制を過去形に直したものもありますし、また、執筆当時には高速増殖炉「もんじゅ」の廃炉予定は決まっていなかったので、そうしたニュースも加味しながら更新した内容もあります。しかし、次々と起きてくる新しい問題や状況を、すべて扱うことはできませんので、何も追加の記載をしていないものもあることをご了承ください。

私は、本文の中にも触れましたが、初任地の名古屋で、原発の被曝労働を繰り返されたことのある野宿の労働者と出会ったことが、原発問題に関わるきっかけとなりました。また、のちに原発の立地近くに転任となったこともあって、ゆきがかりのようにして関わりを持ちましたので、科学の専門家でも歴史の専門家でもありませんが、出版社さんからのお声かけをいただき、どうしたものかと随分悩みましたけれども、キリスト教牧師の中でこうしたことを書く者もあまりいないため、たくさんの先人たちの図書や人との出会いを通じて学ばせていただいたことを、少しでも皆さんとお分かちをさせていただければと思い、拙いながらも書かせていただいた次第です。本を書こうと思ったことは一度もない者ですので、文才はなく、読みづらいところはどうぞおゆるしください。

原発の問題は、何から何までデタラメが多く、どうしてこんな無茶苦茶が許されているのか、どうして国は、世間の大半の人々の反対を無視して、強引に事を進めようとするのか、そこには何か大きな力が背後に働いていると、見抜くことが大事です。いろんなデタラメがあり過ぎて、それらすべてを扱うことは本書ではできませんが、既に沢山の脱原発のための教科書のような良い本が出ていますので、それはそちらに譲りたいと思います。例えば、原発が安全といわれた嘘や、地震等災害の予測の甘さ、原発の電気が安いという嘘、原発なしでは電気が足りないという嘘、原発はクリーンエネルギーという恥ずかしくなるような大嘘、雇用や経済を活性化させるという誘惑の裏事情や、また再処理も汚染は起きないとか、その他もろもろの嘘についてです（幾つか少しは触れましたが）。

それらのどれも大きな問題ですし、他にも特に、原発（核）のゴミをどうするかということについても、信じられないほど無責任な計画で、また技術の伴っていないことを、平気で未来の子どもたちに押し付けようとしていることなど、本当にひどい話です。ドイツが脱原発に舵を切ることができた最大の要因は、この問題だったようですが、この一つをとってみるだけでも、倫理的にも宗教的にも放置できない事柄であると思います。しかしそれらは、他の書に譲りたいと思います。普通の人の感覚であれば、ドイツがした決断を、同じように日本もできたはずです。しかしそれができないのはなぜか。

それは日本が、アメリカとの関係が深すぎるからであり、日本の政府はまた特に、アメリカと同じようになりたいとの願いから、国民がどんなに反対をしようとも、そんな声には耳も貸さず、ただ原子力の推進にゴリ押しをしようとするからですが、いったいそれはどのような野望が渦巻いているのか。また、そもそもなぜアメリカは、日本をはじめ世界に原発を売りたかったのか。そうしたことの核心部分について、なるべく焦点を当てて、本書はさぐっていきたいと思います。それが、世界で原子力を推進しようとする力に対して、彼らの最も暴かれたくない部分を明るみに出し、その闇の力を剥ぎ取っていくことになると思うからです。いっしょに、みていきましょう。

本書は四章構成ですが、『キリスト教文化』二〇一四春号を第一章として、続く号ごとに章を分けました。連載でしたので、毎号（各章）の終りにキリスト者としての短いまとめをさせていただいていますが、それもほぼ同じままで載せさせていただいています。

それでは最後までお付き合いのほど、どうぞよろしくお願いいたします。

第一章　原発問題は、深く平和の問題である

はじめから偽りの平和利用演説

一九五三年一二月八日、アメリカのアイゼンハワー大統領は国連総会で、かの有名な「平和利用」演説をした。世界がこの演説に感動をし、原子力発電の普及は始まることとなった。しかしそれは、はじめから偽りであった。アイゼンハワーは本気で「平和」のために語ったのではない。原発普及の目的はそのためではない。しかし、世界は今もなお、そのことに気付いている者は少ない。そうしてスリーマイル、チェルノブイリ、福島と大事故が繰り返されても、アメリカをはじめ世界の大国は、原発がこれからも非常に重要な基幹電力であると、宣伝キャンペーンに力を入れるのである。それはなぜか。

その理由は、アイゼンハワーが演説をしたときから、変わってはいない。なぜアメリカは、原発の普及を呼びかけたのか。そのことの本当の理由を知ることは、日本政府が福島でのあの痛ましい大事故を経験してもなお、原発にこだわり続けていることの謎解きとも繋がっている。日本

は戦後、アメリカの便宜をはかることによって、その利権のおこぼれに与かってきた。アメリカが「平和利用」の美名のもとに、原発を普及させようとしたのは、要は原発を売ることによって、自国の経済を安定させようとしたためであった。原発ほど値の張る商品はない。アメリカは原発を売る必要があり、日本もまたそれを受け入れることにより、政財界に権力が集中するシステムを構築したのであった。

アメリカが原発を売る必要があったというのは、アメリカの経済が原発を売ることなしには、破綻の恐れがあったからである。もう少し、このことについて述べておこう。

第二次大戦の原爆開発中から、アメリカは、イギリスと戦後の核技術を共有することを約束していた。また、ソ連が戦後に開発を行なうことをも了承をしていた。ところが原爆投下が成功し戦争が終わると、アメリカは、原爆技術の秘密を独占しようと、イギリスにすら情報提供の門を閉ざそうとしたのであった。しかし旧ソ連が予想外の早さで原爆開発に成功するに及んで（一九四九年に初の実験成功）、冷戦に対抗すべくイギリスとの情報共有を開始したのであった。また一番の問題は、核技術を独占し維持しようとすれば莫大な経費がかかり、国家が衰退してしまうため、アメリカは方針を変えて、核技術を、原爆開発に関しては列強国だけに留めて（フランスと中国が上記三国に加わる）、エネルギー利用に関しては技術と材料を各国に提供することとしたのであった。そうすることによって、自国の経済を安定させようとしたのである。

フランスと中国が加わったことについては、当初アメリカは、上記で触れたように、旧ソ連とイギリスまではこれを了承していた。しかし、戦後ほどなくしてフランスも独自路線で開発に乗り出し、さらには中国までもがその気配を見せ始めたことについて（ＣＩＡがそれを把握していたことは当然である。そして決定的な引き金となったのは、朝鮮戦争に参戦した中国が、アメリカから原爆使用の可能性の示唆を受けたことにもよるが）、相当に焦ったことと予想される。アメリカは、もうそれ以上は、他国に持たせるわけにはいかない。そこで、原発を他の国々に売ることとし、その際には原爆開発しないことを誓約として守らせ、既に持ってしまった大国以外への不拡散を、同時の狙いとしたのであった。そして、さらには、実はもう一つの理由として、アメリカが世界へ原発を売ることにしたのは、世界から核アレルギーをなくし、いつかまた原爆を実践使用できるようにしたいという狙いもあったからであった。だからこそ最初に、唯一の被爆国である日本に、原発を買ってもらうための一大キャンペーンを張ったのであった。日本政府も、利害が一致したので、これを歓迎した。こうしてアメリカは、原発を世界に売ることによって、一石二鳥ならぬ一石三鳥を狙ったのであった。あるいはさらに、核に関する技術や人材の維持も、いったんこれを閉じてしまえば、プラントなども使いものにならなくなってしまうため、それらを継続、なおかつ次々と人材の育成にもこの施策が有効であったことを考えると、一石四鳥もの効果があったことになる。まことに智謀家とは、一つのことで幾つもの得策を講ずるものであり、これが世界である。

ところで、現在ではアメリカの原発メーカーは、自国にも他国にもなかなか原発が売れなくなっていたので、これについては途中から手法を若干変えて、二人三脚にて日本に原発を造らせる形を取ってきている。日本も自国にて原発を増設していく際に、日本の財閥たちが自身をメーカーとして販売することで利益を上げようとしたし、その場合にも幾分かのロイヤリティーがアメリカのメーカーに入るので、アメリカもそれをよしとしたのである。アメリカのメーカーも、これまでで大体の目標は達成したので、今度は日本のメーカーに身売りする形で、統合や協力などが行われてきた。そして今は日本が海外に原発を輸出する機会を狙うようになっている。これもアメリカは協力してくれている。技術と人材を絶やさないため、そして日本製の原発が他国に輸出される場合にも、やはり幾分かのロイヤリティーがアメリカのメーカーに入るのである。もはや日本もなかなか国内には新規建設が困難となっていたのと、国内で建てるには反発が大きすぎて、札束で頬を撫でるのに経費が余分にかかり過ぎるようになっており、むしろ海外に輸出するほうが、純益が大きく見込めるようになってきている。日米両国とメーカーにとっては、とにかく新規建設をできるだけ絶やさないようにするというのが、昔も今も変わらない方針である。それはまた、財閥と国家に利権が集中する形を維持するのに、一番よい方法であり、それが核兵器政策の継続のために原発産業を基幹に置いた理由でもあった。

以上が、いわゆるアイゼンハワーの国連総会での「平和利用」演説の裏事情であった。日本はしかし、政府の中枢はそのことを知っての上であったが、国民全体は、まんまと騙されたのであった。被爆国であったのに見抜けなかったのか、いや、被爆国だったからこそ、この痛みが今度こそは平和利用のための先駆けとなれればと、原発を受け入れる方向へと進んでいったのか。いずれにせよ、それらを知った上で話を進めた両政府の中枢は、日本国民を愚弄したのである。よりによって、広島の原爆資料館でまで原子力平和利用博覧会を開いたとは（一九五六年）、そしてそのことにより、人々に「原発と原爆は違うのだ」と、反核の象徴の地にまで、それが実際は繋がっている問題だと意識を持たせないようにしたことは、やはりフェアーなやり方ではなかったと思う。こうして原発は、「夢のエネルギー」として日本国民の心の中に浸透し、そのことによってアメリカを中心とする核兵器政策を、間接的に助ける働きを日本が負ってきたのである。こんな悲しい話はない。

このように原発問題の背景には、アメリカの世界覇権を狙う核政策の一環として、国家の経済的安定のために日米での原発製造また輸出ということが考えられていたということを、理解いただけたと思う。このことはつまり、原発の製造や輸出を止めなければ、悪魔の兵器である核兵器を、世界から根絶することはできないということである。実はアイゼンハワーの平和利用演説よりも先に、旧ソ連が原発を共産圏に売ったということも、全く同じ理由によるものであり、むしろアメリカはそれに触発されて、急いで同じことを行ない、そのはじめとして大々的に、劇的で世界を欺くような演説を行ったということであった。世界の諸国民がそれに騙され、そして原発導入を考えていた各国政府の首脳たちは、それに騙されたフリをしていたということであった。

さて、アイゼンハワーの「平和利用」演説が偽りであり、その本心が真っ赤な嘘であったことは、彼が熱弁をふるった、その舌の根の乾かぬわずか三ヶ月足らず後に、ビキニで広島原爆の千倍もの威力の水爆「ブラボー」実験（一九五四年三月一日）が行なわれたことによってもわかることである。彼はそのことについて、ひと言のお詫びも、弁明もなかった。世界の権力者たちには、彼の国連での平和利用演説の本音が何だったのか、気付く者にはわかったが、一般国民は、反核は訴えても、原発は平和利用のためにあるのだと、騙され続けたのであった。アメリカにとっては、要は、核政策の安定を支える原発輸出さえ順調に進んでおれば、あとは下々の国の民がどれだけ声を大にして叫ぼうが、無視しておけばよかったのである。以降、五大国は堂々とその後も核兵器製造を続け、中規模の国はそれをうらやみながらも、いつかは核武装を目標にして、平和利用を謳ってまずは原発建設を進めたのであった。現在では五大国の他、インドとパキスタンが勝手に核兵器開発をしたが、制裁も受けず、またイスラエルは公然の秘密として核兵器を保持しており、異議を覚える多くの国からはダブルスタンダードと批判されている。そして日本も、政府はこれまで非核三原則を口にしながら、密かに、核武装や核兵器を含む武器商売を視野に入れての改憲を考えてきている。もちろんそれは、アメリカとの同盟国としての範囲を超えない限りにおいての野望であるが、倫理的に許されないことである。

　これまで述べてきたように、原発は「平和利用」だという言葉そのものが、インチキであったことは、わかる人にはわかってしまっている。大きな嘘ほど通ると言うが、原発のもとになっている原爆そのものの話についても、大きな嘘がつかれてきた。次の項において、そのことについても触れておきたい。

原爆は、わざと落とされた

　アメリカの歴史学者ガー・アルペロビッツは、原爆投下は戦争終結のためには必要なく、仕組まれたものであったことを明らかにした。戦後すぐには封じられていた極秘資料も、情報公開が進むにつれてそのことが証明され、アルペロビッツの論文を支持する学者も次々と現れてきた。アメリカ政府はもちろんその立場は取らないが、今やアルペロビッツの考え方のほうが、歴史学者たちの最も有力な見解となっている。何度も諸資料により証明されて集大成された彼の著書『原爆投下決断の内幕（上下）』（ほるぷ出版）は圧巻で、広島原爆投下後五〇年の丁度その日に、アメリカ・イギリス・ドイツ・日本で同時刊行された。現在では、彼の著書に続き、他にも様々な本が出てきている。

　原爆投下の裏事情を知ることは、先の項でも触れたように、戦後アメリカが原発を世界に売っていったことの、真の理由を知ることとも繫がる。そしてそれこそが世界の、そして特には日本における原子力政策の、なぜにこれほどまでに安全性が疎かにされ、労働者たちの人権が無視され、未来への放射能ゴミの問題も放置され、平和さえもが脅かされていることの、根源的理由となっている。この深層を知ることなしに、原発問題が単にエネルギーや経済の問題であると思っているだけでは、何も解決には至らない。巨大な悪を葬るための、霊的な闘いが、キリスト者には必要とされているのである。さて、それでは少し、原爆投下の裏事情について以下に経緯を見てみよう。

アメリカは、日本に原爆を落とすため、投下の前に日本が降伏をしないよう、様々な手を使ったのであった。七月にアメリカ・イギリス・中国の三国の名で発表されたポツダム宣言は、天皇制の護持にこだわっていた日本に対し、これに全く触れない内容に留めることによって、日本が受諾しないよう仕向けられており、はたして日本は受諾しなかった。アメリカはそれを、原爆投下の口実とした。日本がポツダム宣言を受諾したのは、全てが終わってからであった。これは完全に、仕組まれた罠であった。というのは、アメリカは実はかなり早期から、日本へ原爆投下することを決定していたからである。

アメリカは、ウラン型原爆より経費も爆発力も優れたプルトニウム型原爆を完成できるまで、もはや戦力の殆どない日本に戦争を続けさせ、降伏条件に天皇制護持をと願う日本を無視することによって、原爆投下を実行した。これは、戦後の対ソ連を意識した、世界戦略への示威行為であった。ヤルタ会談で決められていたが、ドイツ敗戦後の三ヶ月してから、ソ連が日本参戦することになっており、それは八月八日を指していた。ソ連参戦が引き金となって日本が降伏し、ソ連の占領地域がアジアに広がれば、ちょうどヨーロッパで起きているソ連圏の拡大と同じような事態がアジアでも起こる。アメリカは何とかそのことを防ぎ、自分の主導権の元で日本を降伏させたかった。もはやギリギリのタイミングで、アメリカは、広島と（ウラン型）長崎に（プルトニウム型）、それぞれ違う型の原爆を投下したのであった。そしてそれは、最新にして最強の武器の、実証のためでもあった。だから最初の投下の広島においてなどは、連日B二九は何も投下せずただ通り過ぎるだけという、徹底して市民の警戒心を解くようにしておいた後で、無警告で、しかも最も人々が大勢外にいる時間帯を狙って落としたのであった。それは、どれほどの破壊力や殺傷力また放射能の後遺症があるかを調べるためであった。

その二種類の原爆についてであるが、広島のウラン型は、簡単な仕組みなので必ず爆発する。実験する必要はない。しかし長崎のプルトニウム型は、爆発するかどうかが非常に難しい。しかし、兵器としてはプルトニウム型のほうが優れているので、実験をし、成功したので、本番用を急いで作って投下できた日がやっと八月九日であった。それ以上急ぐことはできず、ソ連の日本侵攻が始まるぎりぎり前に落としたのであった。日本をアメリカの手で敗戦に至らせたかったためである。そして長崎投下の三日前にも広島に、こちらは爆発が確実なウラン型を先に投下したのであった。なぜウラン型よりもプルトニウム型のほうが兵器として優れているかについては、ウラン型は材料のウランが自然界にほんのわずかしか存在せず、それを濃縮するのにも莫大な電気を必要とするので、兵器に向いていない。一方、プルトニウム型は、材料はいくらでも作ることができる。自然界にある、分裂しないウラン二三八に中性子を吸わせれば、割と簡単にベータ崩壊などした後にプルトニウムになる。ウラン型よりも安く作れるわけである。しかも核分裂するときに、平均してウランは中性子が二個、プルトニウムは三個出るため、核分裂力が原子一つを見るだけで一・五倍強い。これが連鎖反応で続くわけだから、プルトニウム型のほうが断然、兵器として優れている。そのプルトニウム型の実践投下まで、アメリカはこだわったというわけである。いつ戦争が終わってもおかしくない戦力のない日本が、幾つも兵器工場は無傷にして残され、白旗を上げずにアメリカに戦争をむりやり引き延ばされ、プルトニウム型原爆が完成するまで、ずるずると敗戦を延ばされたというのが実際の話である。

アメリカはこの新兵器の実践投下に向けて、特には爆発が非常に難しいプルトニウム型のために、相当に念入りな準備を行なった。もし本番用のプルトニウム型原爆が爆発しなかった場合に、それが回収されて中身の秘密が探られると大変な損失になる。それは絶対に避けなければならない。そこで、本番用の爆弾が完成するまでの間、全く同じ形、全く同じ大きさで、その中身はただの火薬というダミーの爆弾を作り、それを終戦間近の日本に約六〇発も投下したのであった。それが「パンプキン（かぼちゃ）爆弾」である。大勢の人々を殺戮し、後遺症も苦しめることになる原爆の開発に際し、そこまで周到な作戦を練るのかと怒りを覚える。アメリカはパンプキン爆弾について、それはプルトニウム原爆を投下する前の参考として、弾道テストをするためだったと見解を出しているが、本当の理由は、もし本番で不発に終わっても回収されないためだったのである。つまりそれは、戦後の核兵器産業を、アメリカは独占したかったことを意味している。

原爆投下は、戦争を終わらせるためだったとか、米兵百万人を救うためだったとかいうアメリカの言い分は、真っ赤な嘘である。最新にして最強の兵器を実践使用し、その秘密を自国だけのものとして戦後も独占したかったのが、あの原爆投下の事実である。

日本は敗戦に至るまで、近隣アジアをはじめ世界へ、数えきれないほどの非道な侵略や殺戮を行なってしまったことは、これはどんなにお詫びをしても償うことのできない大きな過ちであった。それは本当に深い罪であった。しかも日本政府は、そのことを今もなお正直に認めようとせず、隠し、あろうことか何度も何度も全く事実とは違う偽りの話で、すり替えようとしてきた。戦後のドイツとは、全く反対の姿勢であり、本当に恥ずかしい限りである。そのことは国民一人一人が、真摯に懺悔しなければならない。しかし、そのことは重々に自覚した上で、やはり言っておかなければならないことは、「原爆は、悪魔の兵器であり、広島と長崎に落とされたことも、また今後どのようなことがあっても、世界のどこにも落とされてはならないものだ」ということである。核兵器は廃絶されなくてはならない。どんな理由も、その存在を正当づけるものはないということである。

広島と長崎に落とされた原爆は、決して落とされても「しょうがない」ものではなかった。そして、そのことを認めないアメリカに対しては、はっきりと「否」を言っておく。原爆は、落とす必要のないものであった。いや、その言い方もまだ甘い。わざと落としたのであった。アメリカはその後、ＡＢＣＣ（原爆傷害調査委員会）を設置するが、いっさい治療はせず、後遺症をデータとして収集するだけで、しかも早々と放射能の影響はないと嘘の報告をまとめ、自分たちの罪を隠した。それは、自分たちの国際的な発言力を弱めないためと、戦後も継続を予定していた原爆製造産業が打撃を受けないためであった。それらのことは、しっかりと歴史認識として刻んでおかなければならない。

誰が計画推進の中心人物だったか

ところで、先に紹介したガー・アルペロビッツの『原爆投下決断の内幕』では、これらの原爆投下に関して采配を振るったのは、大統領のルーズベルトや彼の急死後を継いだトルーマンではなく、国務長官のバーンズであったことが明らかにされている。例えば、トルーマンは予告なしの投下を決定するが、その指示は、国務長官バーンズの言いなりであったことが、現在では様々な資料からわかっている。これについては、またあとで補足をしたい。

　さて、原爆開発そのものは、ルーズベルト大統領の時代に陸軍の下で開発が命じられ、秘密裏に進められていたが、陸軍長官スティムソンよりもバーンズのほうが、肝心な投下計画における実権を握っていた。というのは、原爆の実践投下に関する暫定委員会に、バーンズは大統領代理という立場で出ており、トルーマンはただ神輿に乗せられているだけの状態だったからである。そういうわけで、スティムソンでさえ、バーンズに何度も翻弄されている。スティムソンはやがて、原爆の予想される威力に、これは女性・子どものいる場所に落としてはならないと、強く主張するようになるが、バーンズは暫定委員会の委員たちに根回しをして、軍事工場さえある地域ならば落としてもよいというように決定をする。スティムソンはその後も、それでも原爆は警告なしに一般人の住む所に落としてはならないと、せめて最初は太平洋上の日本艦隊に向けてか、あるいはそれが無くなったとしても東京湾の真ん中に、威嚇として落とすべきだと主張したことにも、バーンズはこれらについて委員会に根回しをしておき、数で勝ることが確かとなったときに委員会を開催し強行採決をして、自分の計画のほうを押し通している。

　こうしたなか、組織上ではスティムソンの配下にあるはずの、原爆開発工場の現場担当というか指揮を務めた将軍グローブスまでが、スティムソンに従うのではなく、常にバーンズの側についていたことも普通ではなかった。いや、むしろ不自然であった。おそらく、単細胞の軍人であったので、原爆開発を成功させ威力ある形で使うことこそがアメリカの使命であるかのように、バーンズによって信じ込まされていたのであろう。

グローブスは、最後までその役目をがむしゃらに発揮し、戦後しばらくして原爆開発に関する専門書である『私が原爆計画を指揮した』を執筆している（英文一九六二年、邦訳一九六四年。レスリー・グローブス／恒文社。重版後の『原爆はこうしてつくられた』も同じ内容）。しかしこれは、アメリカが原爆を正当化するためのキャンペーンの一環で刊行されたものであり、その中身は、確かに工場での開発工程の具体的進捗経過や、列強他国との政治的駆け引きの様子、また国内閣議でのある程度の議論は紹介されてはいるものの、結論としては、原爆投下は正しかったのであり、それによって少なくとも米兵百万人を救うことができただの、やっと日本を降伏させることができただのと、本当に許せない内容となっている。だからアメリカは世界中に出版をしたのだった。

ちなみに、この書を日本語に翻訳した二人は、もと海軍大学の教官しかも大本営の参謀だったことは、いかに日本が、これからは原爆のことを悪く言わないようにしたい、それは、いつか日本も原爆を持つようになりたいという意識が、見え隠れしていたものと理解される。そしてこの本の中では、肝心なことが抜け落ちている。つまり、アルペロビッツがのちに暴いたような、国務長官バーンズがどれほど原爆に関する諸会議の中で発言力があり、大統領でさえも彼にすべて言いなりであったことなどが、一切書かれていないことが、いかにも不自然である。そして、一部にバーンズに関する記載もあるにはあるが、何と、原爆投下に関する暫定委員会の開催に関する疑惑が彼にかけられていたことについて（すなわち、彼がなかなか開催をしなかったことに関して）、それは多くの者が知るところであったので記載するしかなかったのであろうが、彼をいい人であったので根拠もなしに信じますといったような、呆れた弁護しか書いていないことが、この本が出版された真の目的を告げるものとなっている。グローブスは、バーンズの使い走りに過ぎなかった。主犯はバーンズである。しかしまたバーンズも原爆犯罪の真の黒幕ではなく、彼を背後で動かした大きな存在があった。

なぜバーンズはそこまで力を持っていたか

さて、原爆投下に関して最も発言力があり、また采配を振るったのは、国務長官のバーンズであったことは先に述べた。では、彼がなぜそこまで力を持っていたのかを、触れておきたい。既に述べたが、原爆開発はルーズベルト大統領のときに始まっている。バーンズは、ルーズベルト時代から政界の中枢におり、事実上の副大統領と言われていた。ルーズベルト死去のあと、トルーマンが大統領となるが、彼はバーンズの言いなりであった。なぜそのようなことが起きたのか。

実は、バーンズは元々、トルーマンを政治の世界に連れてきて指導した先輩であった。いわば、トルーマンは彼に、頭が上がらなかったのである。しかし、そうしたことを利用したのは、原爆開発を陰で推し進めてきた巨大な財界であった。この頃は経済恐慌も起きたあとで、巨大財閥が全米の大半の経済を握っているという異常な状況であった。ロックフェラーとモルガンの二大財閥の独壇場の時代である。原爆開発は彼らの企画であったと言ってよい。それはドイツからの亡命科学者シラードによる情報と要請を契機に、財界はこれを大きな儲け話として利用したのであった。開発のための莫大な経費は彼らの協力により準備され、そしてそれゆえに、実践投下が必ず求められた。それは戦後も原爆製造を続けることにより、資金回収とそれ以上の儲けを得るためであった。

そのようにして進められた原爆計画であるが、もう一度、時代を少し戻して説明をしておきたい。ルーズベルト大統領時代にトルーマンは副大統領であった。そしてトルーマンが後任の大統領に就任すると、バーンズは国務長官に就任し、トルーマンの在任中ずっと副大統領は不在とされた。バーンズはまた、原爆投下が行われる前から、製造を担当した工場と、戦後も原爆製造を継続する契約を政府に結ばせている。第二次世界大戦中はいわゆる非常時であったため、また、特に原爆に関してはごく一部の者にしか情報を伝えず、これを閉ざし、原爆に関するすべてはトップシークレットにて、いわゆる関係閣僚と専門委員だけでの決定がくだされており、通常時の閣議開催とはかなり違う手続きが取られている。しかしそれは、大統領がすべて単独で決めていたということでもなく、またバーンズとの二人だけで決めていたということでもなく、最小限での関係閣議であった。

バーンズはそれを利用し、自分の考え通りに計画を進めるために、例えば原爆投下の候補地選定についての委員会にさえも、メンバーに陸軍長官のスティムソンを入れず、京都がそこに入るかどうかで彼を随分と心配させたりしている。結果は、京都があとからスティムソンの抗議により外されているが（戦後に天皇制を残し統治するためには、ゆかりの地に落としてはならないと）、スティムソンでさえ蚊帳の外に置かれるようなことを、バーンズはしばしば行っている。スティムソンは先に述べたような、原爆のような残虐な兵器を一般人が住む地に落とすべきではないと意見したことで、実践投下を目指した財界やバーンズからは、陸軍の長官でありながら遠ざけられ、不便な思いをさせられたのであった。それはほんの一例である。バーンズがそのように、様々に行使した権限があまりに強かったので、実はその反省をもとに、アメリカ政府は大戦後、国務長官の権限をかなり制限するようになったというのが実情である。一方、バーンズのほうは、在任時の自分の活動の痕跡を、幾つか記録から消そうと改ざんしていたことが、他の閣僚の証言を得られているが、彼は自分が原爆投下計画の中心であったことを知られないようにしているかのようである。考えられるのは、彼は原爆投下を待ち望んだ財界との繋がりが深かったということである。ところで彼は大戦後、周りからは今度こそ大統領かと目されたが、周囲の予想に反し、自ら静かに政界から身を引き、しばらくして原爆の資金提供をした財閥モルガンの重役に収まっている。なるほど、というところである。

以上のような財界の力がうごめいていたために、バーンズのような怪物が登場したのである。もう一度おさらいとして触れておくが、バーンズは元々、トルーマンを政治の世界に連れてきて指導した先輩であった。また、トルーマンが大統領になる前から、原爆開発はどんどんと進んでおり、その中枢にいたのがバーンズであった。一方、トルーマンが原爆計画を知るのは、彼が大統領に就任して初めてであった。すべては大きな力で既に動いていた。彼に口をはさむ隙などなかったのである。そして、それは最終的にどのようにして投下計画の決定に至ったのか、簡略ではあるが記しておく。

バーンズは、トルーマンに対し、原爆計画についての肝心なときにしばしば強い提言をし、大統領はそれを受け入れている。例えば、バーンズはトルーマンに、ソ連が対日参戦して本土上陸する前に日本を敗戦に至らせ、それによりアジアにおける主導権を握るだけでなく、ソ連のヨーロッパにおける発言力を弱らせるためにも、原爆を持っているという外交力を示すことを提言している。そのことは幾つかの会議記録にも残っている。トルーマンはこの戦略を受け入れた。他にも、一九四五年四月アメリカの統合参謀企画部から、天皇制の護持さえ保証すれば日本は降伏するので無条件降伏を突き付けるべきではないとする厳しい指摘があり、またスティムソンやアイゼンハワー、一部高官からも同様の強い要望を受けながら、トルーマンはこれらを退けたことが記録に残っている。また同年七月には、天皇が特使を派遣してソ連を介し戦争終結へ向けて和平を求めていることの電文を傍受しても、トルーマンはこれを知りながら何もしなかったことが、一九七九年に大統領手書きの日誌が発見されたことにより明らかとなっているが、そうしたことにもバーンズの入れ知恵があったものと推察される。

死の商人と政治家の関係

バーンズが原爆開発および投下計画に絶大な力を持っていたことの背景には、彼が単にトルーマンの先輩だったというだけでなく、原爆を必ず完成させ実践投下することを求めた財界の存在がある。それも、極端に財を集中させた、先に述べた二大巨頭の財閥であり、言い換えれば死の商人の親玉である。彼らがバーンズに力を与え、彼を用いたのである。これが核心部分である。財閥はまた、原爆という新兵器の開発に際し、当時最も技術力のあった会社を抜擢し、バーンズを通してこれを指名させたのであった。

二大財閥はそれぞれ原爆開発に力を注ぐが、まずはロックフェラーが独自で、のちに広島に落とすことになるウラン型原爆の完成を確実にする。しかし、プルトニウム型原爆のほうは、なかなか技術の目処が立たない。それを、モルガンが最も優秀と見込んだデュポンに白羽の矢があたり、開発をさせた。デュポンは南北戦争時代からの死の商人であったが、この大戦においても特典の計らいを受ける。デュポン社および政府への資金準備は、金融王モルガンが担当。モルガンは、世界の富豪ヨーロッパのロスチャイルドのアメリカ代理人である。彼らがタッグを組み、長崎に落としたプルトニウム型原爆を完成させる。このようにして、二大財閥とも第二次世界大戦を通じて財を伸ばし、戦後もさらに原子力事業全般でその経済を盤石なものにしていく。財閥の正体は死の商人であり、戦後もそのようにして濡れ手に泡の商売を系列グループで固め、原子力産業と核兵器を含む軍需産業とは経営が繋がっており、共に政府から様々な特典を与えられて、さらに儲けを増大させていったことは、古典ではあるが岡倉古志郎氏の『財閥』（光文社）や『死の商人』（岩波新書）にもわかりやすく紹介されている。ちなみに古志郎氏は岡倉天心の孫である。

もう少しだけ、プルトニウム抽出および原爆製造を担当したデュポンについて、補足をしておきたい。デュポンは、核開発に関する一切の特許を自ら放棄することを申し出て、関係閣議はこれを了承した。しかしそれは、特許から生ずる様々な報告義務の免除と、また特許よりも強固な独占権をデュポンに与えることを意味した。さらに問題は、お金である。公開入札ではなく一社だけ、しかも随意契約の言い値とは、つまり破格の高値を意味した。このデュポンへ進行状況などを視察にいく現場担当が、グローブス将軍であった。政府の関係者と、死の商人が、どこでお金の繋がりがあったか。これは必ずどこかで行われている。ましてや、あの時代は必ず、である。しかし、軍人が勝手に利権を得るなどということは有り得ず、もしあるとするならば、裏のうちに別ルートで確定されているものである。当然、考えられるのはバーンズである。またそうでしかない。つまり、デュポンと行き来していた将軍のグローブスは、バーンズの現場担当の使い走りに過ぎず、肝心な部分はバーンズが裏ですべてを調整していたということである。そして驚くべきことに、原爆の投下前であったにもかかわらず、既に、戦後も原爆製造を同工場に継続の確約までが、バーンズによってなされていたのである。こうなれば原爆投下は、バーンズが死の商人のためにその効果を実証し、いわゆる商品展示会（原爆を投下しそれを披露すること）の後も売り続けることが出来るよう、配慮したものであったとしか言えない。

ただし、ここで断っておくが、デュポン社は、当然こうした見方には反発をするであろう。というのは、デュポンはプルトニウム事業を政府から請け負う際に、計画全体を通じて費用以外は手数料一ドルしか受け取らないことを、条件の一つに契約を結んでいたからである。しかしそれは、世間から死の証人と揶揄されることを嫌った、見せかけの工作である。上に述べたように、入札の競争相手は居なくしてもらっているのだから、費用自体を高く請求すれば何の問題もなくなるからである。実際デュポン社は、南北戦争での火薬取引を始めとして、第一次大戦でも軍需産業によって巨額の富を築いたし、第二次大戦中およびその後も飛躍を続けたからである。どこの企業も、誰の政治家とも結びつきが一切ない、特典付きの大きな商談など、国家レベルのプロジェクトには存在しないし、この場合、バーンズとデュポンが繋がっていたと見るほうが、いたって理に適っている。デュポンは第二次大戦後も原爆製造の継続はおろか水爆も開発するなど、原爆犯罪は、死の商人と世界財閥が主犯であり、政治家はそれに利用されていると言えよう。その形は今も続いている。

ちなみに余談となるが、このデュポンの後継ぎで一族代表のジョン・デュポンはのちに、オリンピックのレスリング選手を育てるのが趣味であったが、コーチの元・金メダリストを、自分の指導方針に従わなかったからと射殺し、豪邸に篭城したまま何日間も外に出てこなかった（一九九六年一月）。最後は警察に暖房を切られ、ボイラーのスイッチを入れに出てきたところを連行されたが、そのサマはまるでＶＩＰ扱いで、足元を気遣うように優しくエスコートされているシーンをニュース専門チャンネルで偶然見た。しかしなぜ警察は、連日外からメガホンで呼びかけるだけでずっと踏み込まなかったのか、全くおかしな話である。彼を特別扱いする国家の姿がそこにあった。結局ジョンは刑務所行きではなく精神病院に収容されたとのことであるが、恐らくＶＩＰ待遇の別荘のようなものではなかっただろうか。今ではデュポンは、会社としては死の商人のイメージを消したいとの努力が続けられた結果、その分野から足を洗った形となっているが、戦時中は明らかにドップリそのなかにいたと言ってよい。お金は本当に魔物なのである。しかしそれでもデュポン社は、過去のことを一切清算できたわけではないことも心得ておくべきであろう。

というのは、広島と長崎にそれぞれ落とされた原爆材料の、ウラン濃縮とプルトニウム抽出を指揮した化学者クロフォード・グリーンワルトは、妻マーガレッタ・デュポンの力によってのちにデュポン会長として君臨し、ボーイング社の重役ともなったからである。そのボーイング社製のB二九が原爆を投下し、第二次世界大戦の後も、ずっとボーイング社は「死の商人」としての道を歩み続けたからである。ボーイング社はデュポン社と今でも親密な関係であり、現在のボーイング社は「死の商人」世界二位で、一位のロッキード・マーチン社に先を越されたとはいえ、ほぼ同レベルである。そこにデュポンは化学分野での技術提携のほか、人脈的にも深く交流をしている。デュポンは表と裏の顔を両方持っていると言っていいだろう。責任は拭えない。ところで「死の商人」ももちろん問題だが、そこに取り入る政治家も悪魔のような存在である。現代で言えば、ブッシュ政権時の副大統領チェイニーが、石油開発のハリーバートン元・最高経営責任者であり、妻はロッキード・マーチン社重役といった構図も、イラク戦争の利権も合わせ、露骨な話であった。

　さて、話を戻すが、マンハッタン計画のプルトニウム抽出事業において、仮にバーンズが画策したものであれ、デュポンが要求したものであれ、どちらが先であり結果であっても、その癒着関係は否定できない。お互い、持ちつ持たれつであった。

　以上、これら見てきたように、原爆投下は必要なく、仕組まれたものであった。もう一度言う。原爆投下は戦争を終わらせるためだったとか、米兵百万人を救うためだったとかいうアメリカの言い分は、真っ赤な嘘である。最新にして最強の兵器を実践使用し、その秘密を自国だけのものとして戦後も独占したかったのが、あの原爆投下の出来事であり、またそのシナリオを用意し期待したのが巨大財閥であったのである。

そうしたなかにあって、戦後間もない一九四六年三月、アメリカキリスト教会連邦協議会『キリスト教に照らして教会と戦争との関係を考える委員会』より、「広島と長崎の突然の原爆投下は倫理的に弁解の余地はない」「さらに、どちらの原爆投下も戦争に勝つためには不要であったと判断せざるを得ない」「我々は神の法においても、そして日本国民に対しても、取り返しのつかない罪を犯した」との異議が表明された。この声明作成者にはラインホルド・ニーバーも入っている。国民の大半が原爆投下は正しかったと思い込まされているなか、非常に勇気ある表明であった。教会はこういうところに立ちたい。ニーバーはその後、主張がトーンダウンしてやがて沈黙していったが、それは明らかに、教会内外からの圧力が、彼を苦しめたものと想像される。アメリカでは、大きな教会ほど政財界の大物がステータスとして会員となり、その存在感を示し教会内での発言力も大きい。それは仮に牧師一人がいかに頑張っても、役員会全体もそれに従うということは非常に難しいものであろう。しかし現代こそ、教会はそうした体質を脱却し、主イエスのように、貧しく小さき者の側に立つことが神から求められている。偽りにではなく、正義と平和、いのちに仕えるという、真のディアコニアの働きが、教会の生きるべき道である。

キリスト者として問う原発問題の深層

さて、これまでのところを振り返り、第一章の総括を行なうとともに、あともう少しだけ補足をしておこう。以上みてきたように、原発問題は、原爆投下から元凶があり、またその存続理由が意図されてきているということである。「原発は原爆とは違う」と国や電力会社たちによって説明をされてきたことが、本当はまさにそこに理由があったことを見抜かれないために、それとは違うという先入観を植え付けるようにと頻繁に語られてきた言葉だったということである。このことが世界の反核運動でもしっかり意識される必要がある。また推進派にとっても、おそらくそこが最も触れられたくない部分である。人類の権力欲と金銭欲が集約された形の、悪の結晶が原爆である。原発は、原爆の製造継続のために存在をし、原発は原爆と深く繋がっているという悪の原点を忘れてはならない。だから、広島と長崎に投下された原爆に、私たちは何度も注視をしていくことが大事である。

原爆投下は、死の商人たちにとって、最新最強兵器のいわば商品展示会のデモンストレーションであったし、また政治家たちにとっても、戦後の世界戦略を優位に進めるための最強のカードであった。戦後に核の平和利用などと謳いＩＡＥＡを立ち上げたのは、大国以外に核武装をさせず核保有大国（主に米英）の経済を安定させるためのポーズに過ぎず、ＩＡＥＡは原発推進の御用機関でしかない。ゆえにＩＡＥＡは、チェルノブイリ原発事故が起きたときも、たった五年で「住民に大筋影響なし」という最初の報告を出し、統計の扱いも無茶苦茶でヒンシュクを買っている。この報告を出すのに大きな役を負ったのは、被爆国日本からも専門家を呼びましょうと、調査委員会の長に任命された、広島の放射線影響研究所の重松逸造理事長であった。放射線影響研究所の前身は先に述べたＡＢＣＣであり、ＩＡＥＡはチェルノブイリの被害を小さく見せるため彼をトップに置いたのであった。ちなみに、重松氏は日本においてほかにも、水俣病調査、イタイイタイ病調査、広島の「黒い雨に関する専門家会議」、岡山スモン病調査などにおいても、患者の健康障害とそれらとの関係を否定し、安全宣言を出した責任者である。これらのことは、広河隆一氏の『チェルノブイリから広島へ』（岩波ジュニア新書）や『チェルノブイリの真実』（講談社）にも記されている。これが現在に続く、福島原発事故後の放射線影響を小さく見せようとする、この国とＩＡＥＡをはじめとする諸機関の動向とも関係している。

ＩＡＥＡはＷＨＯと、一方が他方の活動に影響を与える研究を行なう場合、相互の同意が必要だと一九五九年に協定を結んでおり、例えば現代では、劣化ウラン弾の健康影響についても疫学研究をさせないでいる。それをいいことにアメリカは、湾岸戦争で使った少なくとも三〇〇トン、イラク戦争で使った二〇〇〇トンの劣化ウラン弾についても、これら誰の目にも明らかな健康影響を否定している。二〇〇八年、画期的判決であった自衛隊イラク派兵差止め訴訟の名古屋高裁判決文にさえ、原告が示した様々な兵器の被害は記されているものの（クラスター爆弾、ナパーム弾、マスタードガス及び神経ガス、白リン弾）、原告がそれらと共に訴えていた劣化ウラン弾の被害についてだけは判決に記されずにいることが、これらの深刻さを物語っている。ＩＡ

ＥＡがチェルノブイリ事故一〇年後と二〇年後に出した報告も同様に、何ら納得のいくものでなく、現地の医師たちは怒っている。現在、そしてそれは、福島原発事故後の周辺に住む人たちにとって、同様の不安と怒りとが起こりつつある。既に、驚愕するような率で、その影響であるとしか考えられない健康調査結果が発表されてきているが、これについては第二章にて述べたい。

以上、このようにみてきてわかるのは、原発問題は、単に環境の問題ではないということである。つまり、深く平和の問題であるということが、その本質の原点となっている。そこから始まり、環境の問題とも、また人権の問題とも繋がっているということである。悪魔の兵器である核兵器を持ち続けたいがために、いかにその工程において労働者が被曝することが避けられないとしても、それは何の健康被害も与えないかのように真実を隠蔽し、安全基準値も思いきり甘く設定してきたということなのであり、それは決して認識が足りなかったからということではない。研究者たちのトップクラスでは、初めからわかっていたことであり、労働者被曝の安全基準値を厳しく設定すれば経費がかかり過ぎるようになるため、またもし重い病気になったとしても、その因果関係を否定し賠償金を支払わなくてもよいようにするために、不都合には目をつむってきたということなのである。同じく、ある程度の放射性物質は、希ガスであれ薄めた廃液であれ、施設外へ放出することもやむなしとして、それらが何の環境影響も与えず、また自然界の動植物にも、それらを食べる人間にも、何の健康被害ももたらすことはないと、初めから結論を決め込んできたことも、それらはすべて、核兵器を作り続けるための偽装工作であったのである。
だから、原発問題は、神学的にこれを捉える場合にも、単に「環境の保全」の視点から論ずるでは足りず、もっと深い人間の罪、人を殺すという大罪、それも無差別に大量殺人を行ない、さらにその後も幾世代にもわたり人々の命を削り取るという、平和の問題に、実は最初の深い原因が潜んでいるということを、キリスト教会は目をそむけず、これを直視し、その悪の根を断つための勇気ある取り組みをしていかなければならない。

原発問題は、深く人間の内面が問われている、倫理的な問題なのである。キリスト教会は、神は旧約の時代から私たちに、人々のいのちを守るための見張り人として立つことを求めてこられ、それは新約の時代に入ってからも変わらず、主イエスを通し、平和を実現する者となるよう、教えが宣べられている。たとえそのことで迫害を受け、ののしられるとしても、私たちが預言者としての務めを果たすことを神は求めておられる。この使命に応えたときに、私たちは祝福の報いを受け、この務めを怠ったときに、私たちはいのちに関する責任を問われる。エゼキエル書三三章七〜二〇節を、私たちは何度も何度も読むことが必要であろう。この世には、悪と悪人が歴然として存在しており、私たちは悪をなす者に、警告を発するよう神から命じられている。私たちがその務めを果たした場合、私たちは責任を解かれる。そして悪人が立ち帰り、悪から離れるなら、その悪人は命を得る。立ち帰らないなら、悪人は死ぬ。しかし私たちが警告を怠った場合、その悪人の血の責任を、神は私たちに問われる。原発の問題は、まさにこれである。

キリスト教会は、またキリスト者は、どうして原発問題について、多くの者が平然としていられるのだろうか。また無関心のままでおれるのだろうか。これは、人々のいのちに関わる問題であり、また深く平和に関わる問題である。これを放置することは、私たちは神から、全世界の人々の血の責任を問われることなのである。小さい子どもたち、正しい大人たち、また悪人たちのいのちまで、失われてはならないと神は言われる。悪人に対しても、神はどうして死んでよいだろうか、立ち帰れと語られている。

原発問題は、人類は夢を見たけれども技術が及ばなかった、などという問題ではない。富と権力を手にしている者たちが、さらに貪欲を求めて、人々のいのちのことなど何とも思わず、核兵器を開発し、それを実践投下し、なおもそれを持ち続けようとしていることが、すべての放射能問題の諸悪の根源にあることを、私たちは決して許してはならない。この問題を直視せずして、身近な節電の問題であるとか、単に数値の問題であるかのように扱ってはならない。労働者たちへの非人道的な扱いも、原子力施設が建てられる過疎地への不公平も、また遠くの地にまで子どもたちのいのちに脅威を与えていることも、それらは過失ではなく、悪意のもたらした人災であることを、キリスト教会またキリスト者はその深層を見抜いて、悔い改めのメッセージを語っていかなければならない。

第二章　放射能はそんなに心配ない、ということにしたい人々

なぜ意図的な操作が行われ安全神話が作られたか

原発問題は、単に環境の問題ではなく、深く平和の問題であるということがその本質の原点となっていることを、第一章にて触れた。つまり、第二次世界大戦にて初めて開発された核兵器を、保有国は戦後も維持し続けたいという野望から、様々な工程で従事する労働者や関連施設周辺の住民に起きるであろう健康影響を否定するため、放射線に関する基準を、思いきり甘く設定してきたということが、この問題の根底にはある。それは純粋に学者間の研究発表によって、安全のための基準が定められてきたのではなく、核開発した大国や、そのことで莫大な儲け口を得た財界、また諸工程を引き受ける産業界の便宜が図られて、どの程度まで労働者や住民が被曝しても健康影響があることを誤魔化せるかということによって、安全のための基準が定められてきたということを、私たちは決して見逃すわけにはいかないのである。

それはまた同様に、原発をはじめ関連施設の重大事故に対しての想定も、ともかく事故は起こ

りえない、あるいは起こるとしても無視できるほどの低い確率であるとされてきたこととも同根の理由による。そうした意図的な操作がなぜ行われてきたか、またなぜそうしたことが放置されてきたかということは、核開発をした大国とそれを動かしている財界の不都合になることは極力阻止されるというシステムに、この世界が支配されているからであり、それは平和を脅かす力が絶大であることを意味しているが、私たちはそのことに絶望するのではなく、むしろ問題の本質が深く平和の問題とも繋がっていることを認識して、その悪の根を絶やす闘いに就き、最後までその闘いを放棄しない決意を持つことが大事なのである。まさにこれらの問題の病根には、この世の権力の頂点に座す者たちが核兵器を維持し続けたいという、罪の虜となっていることがあることを、私たちは知っておくことが必要である。なぜなら、相手をしっかり見極めておくことが、闘いに勝利するには非常に重要なことであり、世界で原発問題に取り組んでいるキリスト者たちの間にも、そのことに気がつき、互いに励まし合いをしている者たちがいるからである。

第一章において私は、原発の問題は原爆の問題と切り離せず、むしろそこに問題の本質があり、広島と長崎に投下された原爆に、私たちは何度も注視をしていくことが大事であると述べた。つまり、原爆は、短期のうちに大勢の人々のいのちを奪うだけでなく、投下後もじわじわと人々の命を蝕み、放射能による後遺症で人々を苦しめ続ける悪魔の兵器であるということを、投下した国は隠し続けてきたが、それは自分たちがなした非道を世界から非難されないためと、戦後も核兵器を作り続けたいためであった。そのことは、戦後に同じく核開発した国々も同じであり、都合の悪くなることには口をつぐみ、自分たちが悪魔の兵器を作ることの非難を、世界から受けないようにしてきたのである。そしてそれらの開発国は、核政策を経済的に安定させるために、すなわち核開発で国家が財政破綻しないよう、原発を他国へ高く売ることに力を入れてきたのである。だから、核開発をしてきた国々、またこれから核開発をしたいと考えている国々にとっては、原爆も原発もともに、放射線が人体に及ぼす影響について、ごく短期間に沢山の被曝をするのでなければ、低線量での被曝は長期にわたるものであっても何の影響も与えないという、まことに都合のよい話が作られてきたということを、私たちはしっかりと見ておかなければならない。

歴史的事実として、アメリカが原爆投下後に設置したＡＢＣＣ（原爆傷害調査委員会）は、被爆して生き残られた方々の治療はいっさい行わず、後遺症を調査しデータとして収集するだけで、そして終始して内部被曝の危険性については認めず、投下後の残留放射線による影響はいっさいないとの報告をまとめている。それらは始めから、結論が決められていたということを、このあとの項にて少し紹介したい。私たちは、そうした歴史認識を踏まえたうえで、キリスト者として公平に、隣人のいのちを守るための今本当になすべきことは何であるかを、共に考えたい。

放射能に関する結論は始めから出されていた

アメリカがＡＢＣＣを設置したのは、一九四七年のことである。そして活動を開始し、一九六五年に広島・長崎の被曝線量推定体系（ＴＤ六五）がまとめられている。以降は全米科学アカデミーが一九七五年にＡＢＣＣの見直し発表を行うまで特に活動は行わず、上記アカデミー発表の直後に組織解体され、再編成されて新たに日米共同出資にて放射線影響研究所が設立されるに至っている。しかし、そもそもＡＢＣＣが設置されたきっかけは、一九四六年にトルーマン大統領が設置の指令を出したからであるが、これは当然、原爆の放射線が人体にどのような影響をもたらすのか、今後も原爆を使いたかったので、もし自国ないしは兵士たちが核戦争下になった場合の処し方を知っておくために、大がかりなデータが欲しかったのと、同時にまた、原爆が投下後も長期にわたって人々を苦しめるような悪魔の兵器ではないという、都合のよい報告書をまとめさせるための、二つの目的を達成するためであった。

原爆が投下された翌九月の三日には、外国人記者も来日し広島を取材したが、英紙記者のウィルフレッド・バーチェット氏の記事が五日のロンドン『デイリー・エクスプレス』に掲載された。それには、原爆投下後三〇日後も経つ広島では、惨禍による怪我を受けなかった人々でも「原爆病」としか言いようのない未知の理由によって、いまだに亡くなり続けていることが報告されていた。これによりＧＨＱは、九月一九日には原爆に関する報道・文学は検閲により厳しく制限し、被爆調査に関する発表も事前に許可をとることを要求、事実上発表を禁止するプレスコードを引いた。しかし九月五日のバーチェット記者の配信記事が、よほどインパクトを与えたのであろう。その記事が載ることを、当然のことながら情報網によりアメリカは既に知っていたであろう、翌九月六日にはマンハッタン計画の副責任者であったT・ファーレル准将が来日し、東京にて記者会見を行い、「広島・長崎では、死ぬべき者は死んでしまい、九月上旬現在において、原爆放射能で苦しんでいる者は皆無である」という声明を発表している。このときの映像は、二〇一三年八月一一日放送のTV番組『ザ・スクープ』でも紹介されていたので、ご覧になられた方々もおられるだろう。つまりアメリカは、原爆投下後の残留放射線の影響を、どんなことがあっても認めたくなかったということであり、それは始めから結論されていたことであった。なぜなら、そのような悪魔の兵器をアメリカが使用したという非難を、世界から受けたくなかったからである。その際、真実がどうであるかは問題ではないことであり、要は非難されないためのあらゆる手段を講じたのである。しかし、実際のところアメリカは、残留放射線の影響について秘かに研究をしていた形跡があり、それらが安全視することのできないことをかなり早くから知っていたと思われる。これについては後で触れるが、アメリカにとって原爆投下後の広島と長崎での経過調査は、何も問題なかったという結論以外には、達してはいけないことであったのである。それは、戦後も核兵器を製造し続け、使用をも何度も繰り返したかったからである。

さて、バーチェット記者の記事やファーレル准将の声明に先立ち、実は早々とマンハッタン計画の司令官であったL・グローブス少将が、八月三一日の『ニューヨーク・タイムス』で、「原子爆弾は非人道的兵器ではない」との主張を載せている。これは、終戦時の鈴木貫太郎内閣の日本政府が八月一〇日にスイス政府を通じ、「米機の新型爆弾による攻撃に関する抗議文」を発したことに対するもので、この時点ではまだ無差別大量虐殺性を「非人道的戦争方法」として日本側が批判したことへの反論に過ぎなかった。しかしさらにグローブス少将は、バーチェット記者の記事に関しても、ファーレル准将の記者会見と同じ頃、アメリカ本国にて同様に原爆の残留放射線の影響について否定する記者会見を行ったのであった。これらは、用意周到な準備がなされたものと思われる。また、不思議なことに、それらの記者会見に利用された資料の中には、九月三日に日本政府が提出していた日本軍の原爆被害報告書に記されている「爆心地の周辺には人体に被害を及ぼす程度の放射能は存在していない」等の結論があり、これは明らかに降伏後の日本政府の協力体制を示すものであった。

これをみると、八月一〇日の日本政府の抗議は何だったのかと思う方もあるかもしれないが、実は鈴木内閣は八月一七日に解散させられており、そして二度と日本政府は、アメリカの原爆投下の非道性についての抗議を世界に発することをしなかったのである。これはつまり、その後に設置されるＡＢＣＣへの協力を、アメリカの方針通りに合わせていくことを意味し、それ以降もアメリカの核政策を批判せず、むしろ日本にも可能であれば導入の機会を狙っていきたいという本音が見え隠れするものであった。そしてそのことは、もちろん核兵器の非人道性を隠すこと、中でも長期にわたり健康影響を与えることについては、決して認めることをしないという姿勢を、日本政府はアメリカと共に堅持していくことを確定させたときでもあった。以来、この日本政府は、被爆国でありながら、核兵器廃絶に対する優柔不断な態度と、放射線影響を遠ざけるにしては恐ろしく緩やかな公式見解を、取り続けているのである。

これらの経緯についての時系列の参考図書としては、簡単に読めるものでは直野章子氏の『被ばくと補償』(平凡社新書)、詳しく紹介しているものでは高橋博子氏の『封印されたヒロシマ・ナガサキ』(凱風社)が、それぞれお薦めである。さらに貴重な資料を提供してくれているものとして、残念ながらもうお亡くなりになられたが笹本征男氏の『米軍占領下の原爆調査』(新幹社)が必読の書である。この本の副題には「原爆加害国になった日本」とあるが、まさに、なぜ被爆国である日本が、放射線影響の非人道性を認めないＡＢＣＣ調査の手先として、彼らにとって都合のいい報告書をまとめられるように働いたのかという裏の事情が、長年にわたる丹念で非常に緻密な調査資料により渾身の力で記されている。なかなか手にすることのない本だとは思うが、復刻版も出ているので市の図書館に入れてもらうなどして読まれてはどうだろうか。

少しだけ簡単に紹介させてもらうと、ＡＢＣＣの調査活動は日本占領が間接統治の形を取っている以上、被占領者の日本人被爆者にアメリカ軍の軍医が直接接して調査することは公式にはできなかった。そこで日本人の専門家たちの協力が必要となってくるわけであるが、彼らがなぜそれを受け入れたかについて、戦犯になるべきだった者たちが罪を裁かれずに協力をしていたことが実名入りで暴露されている。中でもその中枢にいた者たちは、細菌戦部隊であった七三一部隊の幹部たちであった。そしてそれは単に個人の責任であったのではなく、指揮系統としては上層部にある陸軍軍医学校の命令に従ったのであり、それは国策として統括されていたものであった。同様に、他に一部ではあるが特定の大学機関なども動員および協力をさせられている。これらのアメリカへの調査協力は国策により遂行されたものであるが、それは戦後のアメリカの原爆大量生産を中心とする原子力体制を維持するために、大きく貢献することとなった。

本当は知っていただろう低線量被曝の危険

ところで、アメリカはかなり早い時期から、実は残留放射線の影響について懸念を覚え、研究をしていたことがわかっている。二つほど例を挙げると、まず最初に、長崎プルトニウム型原爆の製造工場となったハンフォードでの放射性ヨウ素の放出事件である。これについては鎌仲ひとみ監督のドキュメンタリー映画『ヒバクシャ』にて、肥田舜太郎医師と共に監督がハンフォードを訪問し、当時のことを知る地元住民への取材を行っているので、ご存知の方も多いだろう。一九四二年頃から五四年までの一三年間に、大量の放射性物質ヨウ素一三一が、継続的に、秘密裏に大気中に放出されていたのである。これは恐らく、開発当初はドイツも原爆開発を目指していると目されていたが、原爆製造が不可能であっても、放射能汚染のみを目的とした兵器ならば作れるのではないかとの懸念から、そうした攻撃を受けた場合どういうことが起こるのか、知っておくためになされたことがきっかけの人体実験だったのではないかと思われる。しかし、もちろんのこと、どんな理由があってもそんなことは許されることではない。

もう一つの例は、一九四五年から四七年に、原爆開発のマンハッタン計画の一環として、プルトニウムの毒性や身体への吸収率を調べるための人体実験が、サンフランシスコの病院で行われていたという衝撃的な事件である。これは、ニューメキシコ州の地方紙アルバカーキー・トリビューンのアイリーン・ウエルサム女性記者がスクープし、六年がかりで事実確認の調査、一九九三年一一月に報じたもので、その年のピューリッツァ賞を受賞している。日本語でも一九九四年に『プルトニウム人体実験』（アルバカーキー・トリビューン編／小学館）が、またつい最近の二〇一三年に『プルトニウムファイル』（アイリーン・ウエルサム／翔泳社）が出版されている。何と恐ろしいことかと思うが、このようなことが早期より実行に移されていたということは、アメリカのマンハッタン計画の中枢にあった人たちは、実は残留放射線の人体影響について、本当は有害性をかなり早くから予測していたということがうかがえるものである。どのくらいの量で影響が起こるのか、またどのくらいの期間がかかるのか、といったことの実験をしたかったのであろう。自国においてさえこのような人体実験をすることが、戦争また戦争準備の狂気であり、またそれを暴かれるまで秘密として隠し通そうとするのが、戦争を行うどの国も持っている罪の姿である。

先述のように、実際には、低線量であっても長期にわたる被曝が決して安全とは言えないことを、アメリカをはじめ核保有国となった列強国は知っていたであろうと推測されるが、その影響を彼らが認めることはない。それは、彼らが大事にしている核産業に打撃を与えるからである。こうした大国の政治的意志が働いて、放射線被曝に関する世界の多数派の見解は、どうしても純粋な学問的研究の成果とはなっていない。そのことは冷静に把握しておくべきで、ある程度、歴史的にも経緯をたどることができるものである。

放射線被曝の問題は、最初、X線の扱いに無造作であったことによる影響の発覚から、医学分野での懸念が高まり、既に結成されていた国際放射線医学会議（ＩＣＲ）の一九二八年会議にて、X線とラジウムへの過剰暴露の危険性に対する勧告がなされた。しかしその後、一九五〇年に国際放射線防護委員会（ＩＣＲＰ）に改組されたときには、ご存知のように第二次世界大戦での原爆投下後であるので、核（原子力）産業保護のための政治的な介入がなされ、原子力関係の専門家も委員に加わるようになったため、放射線の被曝低減に対する意識は、どうしても緩くならざるを得なかった。そして実際、核実験や核産業に支障が出ないようにとの配慮から、一般人に対する基準が設けられ、線量限度が定められていったのである。線量限度は許容線量ではないことは強調されつつも、被曝低減の原則は、一九五四年には「可能な最低限のレベルに」とされたものが、さっそく一九五六年には「実行できるだけ低く」となり、一九六五年には「容易に達成できるだけ低く」、また一九七三年には「合理的に達成できるだけ低く」とさらに後退していった。

ＩＣＲＰは、いわば核産業保護のために設立された組織であるとの批判を免れることはできないであろう。これは、いかに良心的な学者たちがその中にいたとしても、組織全体としては、その体質を否定することはできないものである。そのことは、ＩＣＲＰ設立の当初からおられ、現在は名誉会員のチャールズ・マインホールド氏に、ＮＨＫの特別番組『追跡！　真相ファイル「低線量被ばく・揺れる国際基準」』（二〇一一年一二月二八日放送）が取材をしたときに、氏が正直に答えて、「原発・各施設への配慮があった。原発や核施設は、労働者の基準を甘くしてほしいと訴えていた」、「施設の安全コストが莫大になるので引き上げに抵抗があり、（ＡＢＣＣ調査に基づく）低線量のリスクを半分にしたうえに、さらに労働者に高齢者や子どもはいないので、基準を二〇％引き下げた。科学的根拠はなかったが、ＩＣＲＰの判断で決めたのだ」と述べていることにも示されている。

このＮＨＫの番組は相当に力が入っていて、ＩＣＲＰは各国政府からの寄付で運営されており、国連の機関ではなく任意団体であることや、上記の低線量被曝の基準を緩和した当時の委員一七人のうち一三人が、各国の原子力産業関係者であったことも明らかにしていた。おかげで、抗議のＦＡＸや電話が殺到したということを、あとから聞いた。言葉の訳し方が正確ではないとか、さまざまな苦情が業界関係者から多く寄せられたようだが、私にはそれらが何ら妥当なものとは思えなかった。むしろ逆に反感を覚えたのは、福島の原発事故が起きたあと、東電や国や御用学者たちがＴＶを通じ山ほど発言した不正確また明らかな間違いの情報に、誰も原子力ムラの面々は責任を取っていないことである。こうした状況で、権力を持つ側の見解や方針だけがその後も無批判に採択されていくことは、民主的とは言えないことを、キリスト者ははっきりと覚えておくべきである。

ＩＣＲＰと被曝「受忍論」という考え方

国際放射線防護委員会（ＩＣＲＰ）について、もう少し触れておきたい。福島での原発事故が起きたあと、国はやたらこのＩＣＲＰを放射線に関する考え方の基準として持ち上げ、採用してきたが、それがそんなに信用できないものであることは先に記した。ここではさらに、彼らが設けた線量限度の意味や、またその変遷について紹介をしておきたい。私も属する「原子力行政を問い直す宗教者の会」では、福島の原発事故後に、福島で全国集会を持った。国が主張するＩＣＲＰの見解、すなわち低線量放射線被曝の危険性の否定を、私たちは信じることができなかったからであり、それとは異なる見解を持つ専門家の方々の意見を、しっかりと聞いておきたかったからである。そうすることが、本当に不安を覚えて生きる福島の人々の心に、寄り添うことであると私たちは思ったからである。

さて、ＩＣＲＰという組織やその見解については、中川保雄氏の『放射線被曝の歴史』（明石書店）という本に詳しいが、残念ながら中川氏は既に天に召されておられ、この書も復刻の「補強版」が出されている。私たち宗教者の会では、福島集会の講師のお一人として、中川氏や他の仲間の方々と共に「科学技術問題研究会」を立ち上げ活躍してこられた稲岡宏蔵氏から、詳しくこれらについてのお話をうかがった。稲岡氏も中川保雄氏の『放射線被曝の歴史』増補版（明石書店）一八五頁にある「ＩＣＲＰ勧告の被曝線量限度の変遷」の表を参照に、私たちに説明をしてくださった。詳しくは、図書館などでこの本より見ていただきたいが、これを見るとＩＣＲＰがいかに政治的・経済的な性格を帯びており、それに基づく被曝防護体系が矛盾に満ちたものであるかがわかると思う。

稲岡氏の講演要旨を、簡略にではあるが私たち「宗教者の会」の会報に載せさせていただいた。要旨のまとめを担当したのは私で文責は私にあるが、以下に一部だけ転載し紹介させていただくこととする。

放射線被曝線量の限度値は最初、「耐容線量」として考えられた。つまり、放射線がある線量以下では、生物・医学的悪影響を及ぼさないという考え方であった。しかしそれは、じきに、遺伝学者らを中心に、「安全線量」など存在しないという「耐容線量」の考え方への批判が強く出され、新たに「許容線量」という考え方が導入されることとなった。原爆開発の継続のために核施設が必要であり、そこで働く者たちの被曝は避けられないことであるので、そのように設定されたのである。つまり許容線量とは、「有害さとひきかえに有利さを得るバランスを考えて、〝どこまで有害さをがまんするかの量〟」であるとされ、集団に対するリスク（危険性）とそのもたらすベネフィット（有益さ）のバランスで、許容量が設定されたのである。つまり、許容量＝がまん量という考え方である。そしてそれは、平均的な人間に目立って現れる影響であるかどうかということによって、数値が設定された。しかし、「がまん」とは、自ら耐え忍ぶことである。許容線量は、原子力開発のためには少々の犠牲はやむを得ないとした、強権的思想に基づくものであり、また「平均的人間」を基準に据えると称して、被害が生じても平均以下の人間であるとして切り捨て、ましてや防護においては最も重要視しなければならない胎児や赤ん坊を切り捨てる思想から誕生したものであった。そしてこのリスク・ベネフィット論も、リスクを負う側とベネフィットを受ける側とが同じではないこと、すなわち利益を受けるのは政府と原子力産業であり、放射線の被害を押し付けられるのは労働者や一般の人間であるということが、徐々に国民にも伝わるようになると、今度はリスク・ベネフィット論に代わる新たな屁理屈を押し付けるようになった。それは、経済的な要因を重視した考えで、「経済的および社会的な要因を考慮に入れながら、合理的に達成できる限り低く保つ」という、生命が金勘定で計られる考えの、いわばコスト・ベネフィット論であった。そしてこのＩＣＲＰ一九七七年勧告の精神が、基本的には現在も生き残っている。

ＩＣＲＰの勧告は、その後に数値については少しずつ改定されることはあっても、線量制限の一般原則は「合理的に達成できる限り低く」ということで一貫している。ＩＣＲＰは現在も、線量制限を考える対象を平均的な成人としており、子どもや胎児については考慮せず、その上で原子力は経済的・社会的に必要であるとの前提を、エネルギー危機であるとか経済発展のためだとか何だとか、とにかくいろいろな詭弁を用いて無理やりに押し付け、人々に受忍を強制しているのである。故・中川氏はそのことを、「今日の放射線被曝防護の基準とは、核・原子力開発のためにヒバクを強制する側が、それを強制される側に、ヒバクがやむをえないもので、我慢して受忍すべきものとして思わせるために、科学的装いを凝らして作った社会的基準であり、原子力開発の推進策を政治的・経済的に支える行政的手段なのである」（前著二二五頁）と言い切っている。

以上が、ＩＣＲＰと被曝「受忍論」の変遷についての、小まとめである。中川保雄氏の『放射線被曝の歴史』増補版（明石書店）は、少し厚い本であり、また一般の方々が読まれるには難しい部分もややあるので、同じ見解に立って非常にわかりやすくこれらの問題についてまとめてくれている本を、もう一冊紹介しておきたい。それは同じ出版社から出ており、複数の著者によって執筆がなされている。宗教者の会で講師にお呼びした稲岡氏も著者のお一人である。グラフや写真も入り、読みやすいうえ、単元ごとにコンパクトにまとめられている。放射線問題に苦悩されている方々の支えとなる本であると確信する。題は『子どもたちのいのちと未来のために学ぼう、放射能の危険と人権』（編著：福島県教職員組合・放射線教育対策委員会、科学技術問題研究会／明石書店）である。九一頁仕立てで程よい長さ、価格も安いので大勢の方に読んでほしい。

福島の子どもたちをめぐる不安、そしてもっと広範囲に

福島の子どもたちをめぐる、原発事故による放射線被曝の影響への不安は、非常に深刻な様相を見せている。二〇一四年八月二四日時点の福島県による発表であるが、県は震災当時一八歳以下の子ども約三六万八千人を対象に実施している甲状腺検査で、県内をほぼ一巡した受診者の数は約二九万六千人。うち、甲状腺ガンと診断が確定した子どもは五七人、ガンの疑いは四六人になったと発表した。これは、県民健康調査の検討委員会による報告である。委員会の星北斗座長はこれらの検査結果について、「被曝の影響とは考えにくい」としている。なお今回、原発周辺の避難区域等市町村、沿岸部（浜通り）、中部（中通り）などに分けた地域別の診断率も初めて公表したが、会津地方が他と比べ少し低かったことの他には、地域差は見られなかったとのことである。

以上の報告を聞いて、星座長の発言で安心を得ることのできる人たちは、ごくわずかではないかと思う。むしろ星座長の神経を疑う方のほうが多いだろう。この数字は、やはりただ事ではないと認識するのが、ごく普通の感覚の持ち主である。というのは、この福島での原発事故が起きるまでは、子どもの甲状腺ガンとは非常に珍しい病気で、世界水準の発症率は一〇〇万人に一人か二人と言われていたからである。このことは医師でチェルノブイリ医療支援を続けてこられ松本市長の菅谷昭氏『原発事故と甲状腺ガン』（幻冬舎新書）他にも書かれていることで、既に多くの方の知るところである。しかし、それでも国・県は、もしものことを考えて幾人かの学者に、「子どもの甲状腺ガンは多くても一〇万人に二～三人」と言わせていた。ところが実際には、そんなどころではない、ケタ違いの発症者発見となったわけである。しかも確定者以外の「ガンの疑いは四六人」というのも、かなり心配であるということであり、その疑いはおよそ該当しない場合の誤差が約二割で、残り約八割がガンと診断されるだろうとの予測での発表となっている。既に確定した者の数でさえ、気の遠くなるような結果なのに、これは本当に深刻な事態である。これはただごとではない、異常であり放射線被曝のせいではないかと心配する者のほうが、普通と思う。なお、検査結果に県内の地域差があまり見られなかったとするのは、それこそ低線量被曝で影響を与えるとする学説を裏付けるものではないのだろうか。そうすると、この放射線被曝の影響を心配すべき地域は、福島県だけに留まらない相当な広範囲に及ぶことを、私たちは懸念しなければならないということである。また、心配しなければならない健康影響は、さまざまな臓器に及び、世代を越えての種々の疾患も考えられる。

ところで、この子どもたちの甲状腺ガン発症者の異常な数字について、ついに前回二〇一四年六月一〇日の専門部会で、疫学を専門とする東京大学の渋谷健司教授より、「これはスクリーニング効果による過剰診断が行われているのではないか」との指摘がなされた。すると、これに対し福島県立医大の鈴木真一教授は、「過剰診療という言葉を使われたが、取らなくても良いものは取っていない。手術しているケースは過剰治療ではない。リンパ節転移などが殆どで放置できる状況ではなく、手術をした」と答弁がなされた。

こういう状況の中で、星座長の言葉はこれまで何度かの検査報告の度に、そのトーンが落ちている。以前は、だんだん発症者発見が増えてくると、これは検査する機械の精度が上がったからだと答えていた。しかし素人でも浮かんでくる疑問として、それでは以前は子どもに甲状腺ガンが生じても、そのうち皆知らない内にガンが消えていったとでも言うのだろうか。どうも私にはそのことが腑に落ちない。そんなことなら、鈴木教授がとても放置できる状況ではなく手術したというのは、必要ない処置だったことになってしまう。あるいはまた星座長の答弁として、原発事故後四年も経たずにこうした結果が出るのは、チェルノブイリの例からみて因果関係を認められないとの言葉もあったが、実はチェルノブイリでも計測機を持ち早くから意識の高かった専門医の調査では二～三年目で既に発症者の増える兆候があったことが記録されている。そして四年目から発症率が上がったように記録の残されている背景には、それまで計測機が限られた場所にしかなかったものが各地に配置されたことにより、一気に発症率が上がったことの要因もあると知られるに至っており、四年経たなければ被曝しても甲状腺ガンにはならないとの説は通じなくなっている。いずれにせよ、それらのことについての真実が判明するのはずっと後のことであり、まずは今、人々は安心と保障がほしいのであり、現時点で国・県は因果関係を否定することに一生懸命になることより、甲状腺検査について一度検診すれば二年間も放置されることにはならないように、また他の病院でのセカンドオピニオンが阻まれている状態であるが受けられるようにしてほしいのであり、そして甲状腺検査だけでなく他の病気の心配についても、きめ細やかな診療をしてほしいのである。それを国・県の責任で行い、治療費等についても当事者はいっさい経済的負担を負わなくても済むように、まずはそのことをしっかりと決め、将来のことも含めて大丈夫ですよと宣言をしてほしいのである。チェルノブイリでの教訓を学んでいれば、まずはそのことが行政の責任であることは明白であるのに、そのことが放置され、なおかつ胡散臭い、弁明に右往左往する報告会と検討委員会ばかりが重ねられている。そのことに人々は怒りを覚えているのである。

なお、今この原稿を編集している段階での直近の情報によると、二〇一六年一一月二七日に、福島県が実施している「県民健康調査」の検討委員会が開催され、二巡目の健診で悪性または悪性疑いと診断された子どもは、六八人。そのうち、手術をして甲状腺がんと確定したのは、四四人となった。一巡目と二巡目をあわせた数は、甲状腺がんの悪性または悪性疑いが一八三人。手術を終えた人が一四六人で、一人を除く一四五人が甲状腺がんと確定したとある（同日のOur Planet -TVまとめより）。まったくもって、恐ろしい事態である。既に、一巡目で問題ないとされた子どもが、二巡目でこんなにも大勢が甲状腺がんと確定されたとは、それだけで普通、原発事故の放射能の影響による病気の発症を疑うのが当り前と思う。しかるに、国・県は現在、「県民健康調査」自体の縮小を考えているようであるが、とんでもない話である。検査の度に、甲状腺がんの確定者が増えていくので、自主参加の希望者だけの検査にしようということのようだが、事実上の縮小を意味するもので、ゆるされないことである。仮に、因果関係が現在、明確にはすることができないものであっても、もし放射能が原因であれば大変なことであり、そうであっても手遅れにならない措置を講じることが大切なのである。

放射線は、一度に高線量を浴びるのでなくても、低線量でも長期に被曝することで健康へのさまざまな影響を受ける場合があると言われている。国・県やＩＣＲＰはこれを認めないが、そういう学説に立つ学者たちも世界に多くいるのは、もはや衆知のことであるのに、行政にとって都合のいいほうだけの見解を人々に押し付けるのは、まったくもって不誠実なうえ不当な仕打ちである。国・県は、人々が抱く当たり前の不安に、きちんと対応してほしい。長期にわたる低線量被曝も危険だと警告する専門家たちは、できるだけそのための防護方法も取るべきだと教えてくれているのであり、そしてもし病気になるとしても、それは突然に病気になるのではなく、注意してみていれば何らかの兆候があると言われている。だからこそ、普段からのきめ細やかな診療態勢を行政は取ることが必要なのである。そういう本当に必要なことをさておいて、国はこの非常事態においても、小中学校高校に教科書の副読本を配り、放射線は大した心配はいらないとのキャンペーンに力を入れているとは、本当に破廉恥な行為ではないかと思う。この副読本に対しては、あまりに偏った内容なので、福島大学放射線副読本研究会の先生方が「減思力（げんしりょく）」を叩き出せと、批判の本を出されている（『みんなで学ぶ放射線副読本』／合同出版）。

またウェブ上でも、『放射線と被ばくの問題を考えるための副読本』〜〝減思力〟を防ぎ、判断力・批判力を育むために～と、公開がなされている。

私も、このことは科学的な決着がどこになるかという問題ではなく、人のいのちに関わることで学説の大きく分かれている事柄については、国家のような強い立場にある者が、一方的な論を押し付けて、弱い立場の人々に不信感を抱かせるようなことをするのではなく、公平に情報を扱い、そのうえで人々の不安が取り除かれ、安心を得ることのできるよう最大の努力をすべきであることが、問題の本質だと考えている。福島大学の先生方が訴えたかったこともそのことだと、私は本を読ませていただき感銘を受けている。

福島大学の有志の先生方は他にも、同大学の原発災害支援フォーラムと東京大学の原発災害支援フォーラムとで、『原発災害とアカデミズム』（合同出版）という本を出している。これは公平であるとは何かを非常に意識し追求して書かれた本で、脱原発を目的とする本ではなく、例えば放射線について学説が分かれていることにアカデミズムはどう接すべきかという課題を扱っており、不確実な問題に対する公平性と、予防原則、倫理的な判断が重要であることを、各章丁寧に述べている。これなど本当に必見の書と思う。

キリスト者こそは、いのちと人権の意識を高く持って

さて、このようにして見てくると、いかに国とその同じ立場の学者たちがＩＣＲＰを持ち出して、福島において現在なしている放射線対策の安全の根拠だと言っても、それで安心を得ることのできないことは、いたって当然のことと思う。そして実際、先に述べたように、ＩＣＲＰの重要職にあった方でさえ、自分たちが核産業の要望に配慮して、ＡＢＣＣ調査からの解釈を緩めたことを認めているのであり、これは由々しき問題であると言わざるを得ない。しかも、そのＡＢＣＣ調査自体も、真実を露わにすることを目的に設置されたものではなく、早々とグローブス少将やファーレル准将が残留放射線の影響を否定する宣言をしたように、原爆が長期にわたって人々を苦しめる悪魔の兵器ではないという結論に導くために、ＡＢＣＣを設置したということが、調べればわかってきたのである。

ＩＣＲＰが依拠する科学的根拠であるＡＢＣＣ報告をみてみると、簡単にわかることだけでも、以下のような問題点が挙げられる。一）一九四五年八月から一九四九年一二月まで放射線被曝が原因で死亡した人々、つまり最も重篤な影響を受けた人々を、研究対象から外しているこ

と。二）研究対象も参照集団も、共に被曝していること。参照集団はすべて広島市内、長崎市内居住者から選ばれている、この中には、原爆の一次放射線には遭遇しなかったが、入市被曝者や放射性降下物で内部被曝した人も含まれている。三）発生する病気を事実上、ガンと白血病に絞ったこと。四）内部被曝と外部被曝は全く異なる種類の被曝であるのに、高線量外部被曝に当てはまるリスク評価を、そのまま低線量内部被曝に当てはめていることには科学的合理性がないことなどである。以上、哲野イサク氏の分析を参照（「第一二八回広島二人デモ」チラシより）。同様の分析は、私も属する「市民と科学者の内部被曝問題研究会」の医師たちからも、講演会などで何回も学んだ。先生たちの著書にもそれは記されている。

そうすると、その大甘のＡＢＣＣ調査を基にして、さらにそれを甘くして許容量などというい い加減な基準を定め、職業人および一般人への勧告をなしてきたＩＣＲＰの、一般人のための放射線の年間被曝上限は一ミリシーベルトまでにすることが望ましいという基準は、あまりにも多くの人々の犠牲を基にして定められてきた、もうこれ以上どんなことがあっても緩くしてはならない、最低限の守られるべきラインであると言うことができるのである。チェルノブイリ原発事故が起きたときも、ＩＣＲＰが既に定めていた放射線管理区域の基準を強制避難の線引きとして（年間被曝上限・約五ミリシーベルト）、そして年間一ミリシーベルト以上五ミリシーベルト未満の地域に住む人たちにも、自由選択として避難の権利が行政責任で与えられ、それらの費用を行政が持ち、またそこに住むことを選択したとしても、医療その他に関する補償責任を行政が持ったことは、非常に重要な意味を持っている。これらはチェルノブイリ法として定められ、当然のことながら国家の負担は大きく、厳しいものとなっているが、国家はその決断について誇りを持って振り返りをしている。

日本も最低限、同様のことはなすべきであった。しかるにこの国がなしたことは、限られた人しか入ってはいけない、もちろん子どもなどがいてはならないとする放射線管理区域という法律を、開き直って破ったのである。それも大幅に、である。もはや法治国家と呼べないことは、小出裕章先生も言われている通りであると思う。この国がお金をケチって設けた、福島の原発事故後に設定した基準というのは、原発で大人がお金をもらい被曝労働に従事する場合の、五年間での被曝上限値を一年換算で平均した上限値と同じである。幼児も乳児も同じく一年に二〇ミリシーベルトまで被曝しても大丈夫であると宣言し、それ以上での避難への補助金も充分ではなく、またそれ以下での避難への補助金はいっさい認めないとした冷血で暴力的な国家は、世界に他にない。

国内にどれだけの反発があっても、省庁が人間の鎖で取り囲まれても、子を持つ親たちの叫び声が飛び交っても、世界からどれだけ多くの抗議・批判のメッセージが寄せられても、先の宣言を撤回せず、ただ年間一ミリシーベルトを目指すとだけ言葉を補足するに過ぎなかったのが、私たちの国である。これでいいのか。黙認することは、追いはぎに襲われた旅人を放置して、道の反対側を通って行った祭司やレビ人と同じではないだろうか。まさか、それで大丈夫だとする学者もいるのだからと、他人のせいにして済ませてしまうのだろうか。薬害エイズの問題も、同じように安全の説明をした学者と、その黙認集団がいた。今回の件は、安全を主張した学者がキリスト教会信徒だからと言う人がいたが、某大国でも教会信徒の元大統領が間違った判断でイラクへの戦争を始め、同じく元国防長官も元副国務長官も戦争好きながら熱心な教会信徒とのことである。教会信徒であるからといって、その考えや行動が正しいということもあるまいし、なぜキリスト教会としての毅然とした立場表明がなかなかなされないのだろうか。仮に、百歩譲って、例えどのような学説に立つ者があるとしても、その人自身の考えはそれでいいであろう。しかし、それを聞くキリスト者またその群れが、同じ考えでいいのかは別である。真のキリスト者は、学説が大きく分かれるようなものに対しては、特にいのちに関することであるならば、将来本当のことがどちらであっても大丈夫なように、「大事を取る」という選択をするのが、信仰の姿であると思う。

あるいはまた、そうした医学や科学の話が苦手だとしても、世界でこれほど大問題になっている事柄に対して、教会には電力会社の人や原発メーカーの人もいるのだからと、何も考えたり発言したりすることを避けようとし、無色透明・無味無臭でいることをよしとするような考えの声もときどき聞くが、はたして、主イエスは弟子たちに「地の塩」としての塩気を失ってはならないと教えられたのではなかったろうか。それに、電力会社の人のことを本当に心配するならば、安全でクリーンな電気を作るように道を示してあげることが大事ではないか。また、原発メーカーの人についても、各メーカーの会社は相当に財的な底力を持っているので、真っ当な商売に徹すべきである。そして、いろんな人がいるのだからと言うのならば、なぜ原発や戦争の問題について、自腹を切って大枚支出を惜しまず、生活も非常に苦労をしながらもそのための活動をしているキリスト者がいても、それについては彼らの側に立つ発言がなかなか教会では聞かれないのだろうか。あまりに低い倫理観は持たないでいただきたい。キリスト者また教会が、世の強者のご機嫌ばかりうかがっていては話にならず、未来へ何を残すかが大事なことである。キリスト者こそは、世間のどんな団体よりも、いのちと人権についての意識を高く持っていてほしいと願う。

真に戦争責任の告白ができた、ドイツのキリスト者たちが今、どれほど真剣な歩みと証しをしていることか、そして現在この日本のためにも祈りをささげてくれていることか、私たちは彼らをよき先輩また目標として、信仰の目を開いていかなければならないだろう。

真実の信仰に立ち、預言者としての務めを果たせ

二〇一四年四月、政府はエネルギー基本計画を閣議決定、原発を「重要なベースロード電源」とした。福島の原発事故原因が解明されていないのに、再稼働など無茶苦茶な話である。再稼働の条件も原子力規制委員会の規制基準に適合した原発としているが、規制庁そのものが「基準を満たした原発でも事故は起こる」と認めており、全く無責任である。そしてそもそも政府のこの決定は、完全に民意無視である。民主党政権下でさえ二〇一二年の夏に、エネルギー政策を決めるための「国民的議論」が行われ、全国一一カ所で意見聴取、討論型世論調査が実施された。また全国パブコメ八万九千件のうち八七％が「原発ゼロ」、七八％が「即原発ゼロ」、各地会合の意見集約も同様であった。その後このような大々的な国民的議論や意見集約はなされておらず、今回短期で締め切ったパブコメ一万九千件の吟味もなしに閣議決定とは、国民無視も甚だしいことであった。

これが現在、福島を中心とする広範囲の地域に、低線量放射線被曝の影響が懸念されているなかで、それを無視してこの国が行なっている暴力の実態である。そして国内原発の再稼働を目指すだけに収まらず、海外輸出の商談にも猛烈な意欲を見せている。この狂気と暴走は、単に一国だけの思惑で動いているのではないであろう。第一章および本章でも触れさせていただいたが、これらは、日米の二人三脚で原子力政策を進めてきた、延長上の出来事である。この国が原子力にこだわる理由には、原発は元々アメリカの核政策の経済安定のために買わされたのが始まりであるが、核に関する技術と人材を継続するのにこの路線は不可欠であること、アメリカはこれまで充分売ってきて今度は日本が儲ける番でこの機会を逃したくないこと、日米原子力協定と日米安保はセットで考えられており、どちらか一方だけやめることは両国の契約に反し、また日米共にこれを継続したいと願っており、特にいま日本にとって両方ともさらに次元を上げたいと願っていること、つまり日本はかねてより核武装を願ってきたが、ようやくそれが秘密裏に許可される時代になったことなどが挙げられる。ただしそれは、アメリカを裏切らないことが前提で、同盟強化のためにも改憲が必要となっている。安倍総理が改憲と原発推進に躍起になるのはそのためで、財界も長年それを待ち望み、後押しをしている。

キリスト者はこのような社会情勢のなかで、真実の信仰に立ちたい。聖書の預言者たちは、国家のあり方について、肝心なところで厳しい具体的発言をなした。この世には厳然と悪が存在し、その悪を止めるため預言者はメッセージを発しなければならないことを聖書は告げている。正義と公平こそ、神が求めておられることであり、虐げられている弱者のなかにキリストは共におられる。天国の門をくぐるとき、「よくやった。忠実なしもべよ」と、主から言葉をいただける者でありたいと思う。

第三章　平和や環境の問題を、国家にだけ委ねてはならない

私が原発問題に関わることになったきっかけ

私が牧師となり最初の任地である名古屋に赴任したのは一九九一年、ちょうど三〇歳になったときのことである。名古屋は神学校のインターンで過ごした地でもあり、そのときにも少し、笹島という寄せ場の支援活動に接したこともあって、着任後もほどなくして、その活動に参加させていただくことになった。寄せ場とは、合法で路上求人が認められている数少ない町であり、東京の山谷、大阪の釜ヶ崎、横浜の寿町が知られているが、もう一つが名古屋であった。当然のことながら、路上求人といっても、雇われる人数は限られており、大半の方が仕事にあぶれ、簡易宿に泊まることもできなくなり、路上生活に追いやられていた。笹島は、名古屋駅の近くで、歩いていける距離にあった。駅の地下のコンコースで週二日、通年で炊き出しがあり、年末年始は近くの公園でテント村を設営した。私の教会は名古屋駅より東へ地下鉄で二〇分ほど乗って行き、そこからまたバスに乗って坂を一〇分ほど上がっていった場所にあった。名古屋駅からは不

便な場所にあったと言ってよい。その不便な場所にある教会へ週二日、日曜日の礼拝と、水曜日の聖書研究会に、野宿の日雇い労働のおじさんが一人、毎週熱心に通ってくださるようになった。非常に頭のよい方で、高齢にさしかかる年齢の方であった。多くの書物の知識があるのを私は時々垣間見ることがあったが、その方は決してそれを人前でひけらかしたりすることはせず、私と二人でいるときなどにそっと意見を語ったりされた。聖書研究会でも、鋭い視点を持っておられ、また主イエスの正義と公平に共感されていた。教会員もこの方に敬意を覚えていた。生活は野宿を余儀なくされているけれども、ただ者ではないのを感じ取っていたし、またそれでいてとても落ち着きがあり、人あたりがよかった。

この方が一年ほど教会に通われてからのある日、聖書研究会の始まる前に少し早く来られ、私に、今日は会の終わったあと二人だけでお話がしたいと言われた。それを承諾し、皆が帰ったあと、その方は、いつも持ち歩いておられる大きな荷物の中から、分厚いファイルを二つ取り出された。それは、原発に関する資料のファイルだった。新聞や週刊誌など、当時は様々な圧力があり、事故があったときぐらいしか滅多に記事になることがなかったのを、たぶん買われたりする余裕はなかったであろうけれども、捨てられたりしていたものを拾われたのち、その部分の記事を大切に保管されていた。随分前の年の資料もあり、長きにわたり集められていたことが一目でわかった。これはどうしたのですかとお聞きすると、実はと、年齢もあり他に仕事がなく、原発の被曝労働にかつて何度も従事したことを打ち明けてくれた。そしてそのファイルを、「これは自分が持っているより、先生が持っていてくれたほうが役に立つと思うから」と託された。彼から聞く話は悲惨極まりなく、またこんな非道なことが許されていいはずがないという内容であった。本人の希望もあり皆には内緒にしていたが、その方からはその後も幾度もお話をうかがった。

原発被曝労働は、まさに使い捨てのボロ雑巾のような仕事である。それも下請け・孫請けなどはまだマシで、ひ孫請けのそのまた何次もの下請け構造があり、下層に行くほど命を削る仕事が待っている。さらに、現場の状況は、放射線バッジやアラームを外して働くハメとなっている。つまり、まともにそれらを着けているとすぐにブザーが鳴ってしまい、そうすると「ああ、お前は明日からもう来なくていいから」ということになる。結局、明日もその次の日も仕事がほしいので、バッジ等を外して働く。高温多湿の現場で死にそうな仕事をやらされる。もしガンになっても、放射線との因果関係は証明されず労災が降りることはない。あまりもの蒸し暑さに、マスクも、また汗と体温で曇るゴーグルも外してしまうので（現在のタイプはマスクとゴーグルの一体化の物が主流となっているが、同じこと）、現場を去った後も、いつ病気になるかという恐怖がつきまとう。お金がなくて仕方なく何度も働いたが、まさに地獄であったという。そしてさらに、被曝労働は差別されるので誰にも言えず、悔しくて仕方がなかったという。私は彼のファイルとともに、被曝労働者たちの恨みつらみを一緒に背負って生きていくことを、その日から決断した。以来二〇数年が過ぎた。おかげで私の書斎は、訪れる誰もが驚くほど原子力関係の本でギッシリとなっている。そして、私は長年、電力会社や行政とやり取りをするなかで、電力会社よりももっと黒幕がいることに気がつき、それはやがて確信に変わっていった。それは国であり、また国を動かしている財界である。

電力会社は使用人に過ぎないことを確信した日

私はその後、二〇〇四年より、奇しくも浜岡原発の近くに住むようになった。転任で、掛川市の住民となり、その後七年間をそこで過ごした。職場は掛川市と菊川市にある教会で、二市とも浜岡原発の交付金対象となっている四市に属していた。浜岡原発が立地しているのは御前崎市、その次に一〇キロ圏内の住民が多いのは牧之原市であった。掛川市と菊川市は、浜岡から少し離れた距離にあったので、ようやく市民の中にも多少は、文句を言える人たちがいた。実は私は、その地に引っ越す前から、浜岡原発を止めたいと願っている人との交流を持っていた。立地の御前崎市で孤軍奮闘していた伊藤実さんのお宅へ、ついに近くになりましたと御挨拶にうかがった。伊藤さん御夫妻をはじめ、他にも「浜岡原発を考える静岡ネットワーク」の長野栄一さんや白鳥良香さんたち「浜ネット」の皆さんとの連帯は、本当に忙しくも充実した闘いの日々であった。そうするなかプルサーマルの話も突如浮上し、中電のあまりもの傲慢で不遜な態度に、普段おとなしかった市民の方たちも徐々に疑問を持ち始め、ごく普通の人々が少しずつ行動をし始めた。原発そのものの是非を問わなかった人たちも、いつか必ずくると言われている東海地震に、浜岡原発が持ちこたえることができるのかどうか、不安の声を発するようになった。ちょうどそうした頃に、静岡地裁に訴えてあった裁判も大詰めを迎えた。まさにその時期に、中越沖地震が起き、柏崎刈羽原発のあわやという状況を見て、多くの人々の目が覚めた。そして静岡地裁の判決が出る直前などは、電力会社が最大のスポンサーであるはずのマスコミまでもがこぞって、新聞もテレビも連日、裁判対象になっている一号機から四号機までの全基が停止する可能性もありと報道し、ヒートアップしていた。五号機は、裁判を起こした後に建てられたので対象にはなっていなかったが、判決の影響を受けることは必至であった。市民、県民、いや国民全体の目がそこに注がれていた。しかし出されたのは、考えられないお粗末な判決であった。

二〇〇七年一〇月二六日、それは原子力の日であったが、静岡地裁より出されたのは、まさに想定外の判決であった。これには、いくら何でも無茶苦茶で、誰も事前の予測をしていなかった。マスコミも、そして中電自身も、この判決には面喰らっていた。どう考えても、有り得ない判決であった。私は、判決が読み上げられるとき法廷にいたが、中電側の弁護団長でさえ、鳩が豆鉄砲を喰らったようにポカンと口をあけ、これは困ったぞという表情をしたのをしっかりと見た。いろいろな場合を想定してはいた私も、信じられないで頭がクラクラしたが、隣に座っていた福島瑞穂氏だけは即座に「不当判決！　裁判長は責任を取れるのか！」と大声で怒鳴っていたのには、さすがと思わされた。しかしそれにしても、ヒドイ判決であった。耐震旧指針のままで、しかもまだ補強もされていない一、二号機もそのまま東海地震に持ちこたえるという内容であった。原告側の追及が鋭く、中電の後ろにいる国を追い詰め過ぎたということを、私は確信した。この判決で納得する人は、利害関係にある人か、原発のことは何も知らない人であろう。むしろ、知っている人は、かえって判決のおかしさが分かってしまった。

原告側の証人に立ってくれた石橋克彦氏（神戸大学教授・地震学）は、判決後の取材に対し、こう語った。「必ず起こる巨大地震の断層面の真上で原発を運転していること自体、根本的に異常で危険なのに、原発推進の国策に配慮した判決で全く不当だ。柏崎刈羽原発の被災以来、地震国日本の原発のあり方に注目している世界に対し、恥ずかしい。一〇年前に警告した『浜岡原発震災』を防ぐためには、四基とも止めるしかない。判決の間違いは自然が証明するだろうが、そのときは私たちが大変な目に遭っている恐れが強い」（毎日新聞、二〇〇七年一〇月二六日夕刊）。

危惧したことは先に福島で起きてしまったが、それでも性懲りもなく、また全国各地の原発を再稼働させようとしている国は、本当に尋常ではない。これは限度を超えている。一人ふたり頭のおかしな人がいたぐらいでは、決めることのできない異常な事態である。これは長年の、この国の中枢にいた人たちの企むところが継続していることを意味しており、そしてそれは、政府与党を支えている巨大な財界の願いと一致していることを、私たちは知る必要がある。そうでなければ、原発をめぐるあまりにも不公平で不自然な優遇制度の謎を、読み解くことはできない。そしてその深層を知ることが、原発も核兵器もなくしていくことの、大きな力となっていくであろう。キリスト者は、この時代の預言者として、隠された真実を見抜くことが神から期待されている。

両国それぞれの思惑のもとに進められた原子力

第一章および第二章で、私は日本の原子力事情が、アメリカの核戦略を手伝う形でこれを引き受け、その見返りとして財閥および政権与党の力が維持拡大できるように進められてきたことに触れた。アメリカは、原発を売ることによって自国の経済を安定させ核政策をさらに進展させるだけでなく、被爆国から核アレルギーを無くす狙いや、さらには日本をアジア戦略の拠点とすること、また旧ソ連の力を抑えることなど、多角的な狙いがあったと考えられる。しかしこれを受け入れた日本もまた、かなりしたたかであったと言える。アメリカはまず、アジア戦略の拠点として日本と同盟を結ぶことを考えていたが、日本にも同じように、アメリカとの同盟を提唱する者がいた。当然それはアメリカの目にとまり、彼は一九五三年にアメリカが主催した原子力に関するセミナーに招かれることになる。中曽根康弘である。彼は当初より核兵器開発に関する情報に興味があったと、アメリカで対応にあたった者は証言する。そして帰国した翌一九五四年、三月一日ビキニ水爆実験の何と翌日に、科学技術振興追加予算として原子炉築造のための二億三五〇〇万円が提出された。この額はウラン元素数字から取られたとも言われる。予算提出の代表者は中曽根であった。この案は通過するが、この提案の趣旨演説を担当した議員は、「近代兵器の発達は全く目まぐるしいもので・・、米国の旧式な兵器を貸与されることを避けるがためにも、新兵器や、現在製造の過程にある原子兵器をも理解し、またはこれを使用する能力を持つことが先決問題である」と、原子力と軍事の問題を露骨に語り、議会を通過したことは、日本の原子力政策の本当の狙いが最初から何であったかを物語るものである。

これらの普段あまり知られない裏事情をひもといてくれる図書として、『隠して核武装する日本』(槌田敦、藤田祐幸、他／影書房)、『藤田祐幸が検証する原発と原爆の間』(藤田祐幸／本の泉社)が詳しく、推薦する。また『原発と権力』(山岡淳一郎／ちくま新書)、『核の力で平和はつくれない』(市民意見広告運動／合同出版)も、重要なところをコンパクトにまとめてくれている。これらは必見の書であると思う。

さてこのようにして始まった日本の原子力は、すぐに続く岸信介総理の時にその構想がいよいよ確かなものとなる。中曽根は鹿島建設の一族で、岸の下でも力を付けていき、鹿島は日本で原発の最大建設業者となっていく。岸については、戦犯でありながら公職復帰できたことや日米安保への活躍などから、彼もまたアメリカとの関与は濃厚である。アメリカは日本の核武装を認めなかったが、日本の防衛論を唱える者たちを上手に利用して、世界戦略の協力をさせたのである。しかしまた中曽根も岸も、それは充分に承知の上で、ずっと先には憲法を変えてでも核武装することを目標に、これらを承諾、進めたのであった。それらを裏付ける一つは、一九五七年の岸総理の外務省記者クラブでの発言である。その席で彼は核武装合憲論を打ち出している。すなわち「核兵器そのものも今や発展の途上にある。原水爆もきわめて小型化し、死の灰の放射能も無視できる程度になるかも知れぬ」「現憲法下でも自衛のための核兵器保有は許される」と。また岸は一九五八年に東海村の原子力研究所を訪問したが、その時のことを回顧録で「原子力技術はそれ自体平和利用も兵器としての使用もともに可能である。どちらに用いるかは政策であり国家意思の問題である」と記している。政策によって変更が可能であることを意識していたのである。

この岸のとった見解は、その後もずっと日本の原子力構想となっている。一九六九年に外務省で作成された『わが国の外交政策大綱』には、「核兵器については、当面、保有しない措置を取るが、核兵器製造の経済的・技術的ポテンシャルは常に保持する」とある。さらにそれに続く言葉が、「また核兵器一般についての政策は国際政治・経済的な利害得失の計算に基づくものであるとの主旨を国民に啓発することとし、将来万一の場合における戦術核持込に際し無用の国内的混乱を避けるよう配慮する」とあり、政策をいつか変えたいことがうかがえるものとなっている。また一九九二年の外務省幹部の談話が新聞に載ったが、「個人としての見解だが、日本の外交力の裏付けとして、核武装の選択の可能性を捨ててしまわない方がいい。保有能力は持つが、当面、政策として持たない、という形でいく。そのためにも、プルトニウムの蓄積と、ミサイルに転用できるロケット技術は開発しておかなければならない」とある。これらの発言は、やはり注意して覚えておかなければならない記録であり、将来この国がどうなるかに関わっていくものであると思う。決してそれは、遠い過去の話ではない。

ご存知のように二〇〇六年安倍政権の時、中川政調会長が「核武装の議論ぐらいしてもいいんじゃない」と言って物議を醸したが、これに対して麻生外相もこれを弁護する発言をした。麻生自身二〇〇五年にワシントンで同じことを発言している。そして実は安倍も内閣官房長官だった時、二〇〇二年早稲田大学での講演会で、「日本も小型であれば原子爆弾を保有することに何も問題はない」と発言したのを週刊誌がスッパ抜いた。ただしこの問題について安倍は「発言を外に一切出さないことを学校側も了解した。それを週刊誌が報じたことは学問の自由を侵す」「私は質問に、核兵器保有は最小限で小型で戦術的なものであれば必ずしも憲法上禁じられていないとする政府見解を紹介した。当然、前提として非核三原則がある」とは反論をしているが、本音が出たものであろう。政府は長年、憲法改悪だけでなく、核武装を願い、機が熟するのを待っているものと見受けられる。最近では経済三団体（日本経済団体連合会、日本商工会議所、経済同友会）までも九条改憲や武器輸出禁止の緩和を求め、そして実際に武器輸出は徐々に解禁となってきており、この流れではやがて改憲また核武装へと歩みを加速しかねないであろう。

元々、原爆製造の必要な工程として作られたのが原子炉である。戦争が終わった後も、エネルギーのためというよりは、軍事のためというのが各国の本音であった。日本でも、最初の原子炉を購入するにあたり、イギリスの黒鉛炉について、この炉は発電しながら軍用プルトニウムを生産できると評価し、購入した後も、もし軍専用で用いれば年間いくらの量の軍用プルトニウムが生産できると報告書を残している。実際それが出来なかったのは、アメリカがそれを許さなかったからで、その使用済み燃料を日本で再処理させなかったからである。日本はそれでもあきらめず、自前の軍用原子炉を作ったが、それが茨城の高速炉「常陽」であった。そしてその進んだ型が、福井の高速増殖炉「もんじゅ」である。「もんじゅ」は特に軍用プルトニウムに適した製造炉であり、その使用済みブランケット燃料を再処理さえすれば、スーパー兵器級の高純度のプルトニウムが抽出できる。一九九五年にナトリウム漏れ事故を起こし、一四年半も停止したままであった「もんじゅ」を、国は世間の非難をあびながらも二〇一〇年に運転再開したが、三ヶ月後の炉内中継装置の落下により、止まったままになっていた。とてももう使えるとは誰も思えない状況にありながら、どうしてなかなか廃炉にしなかったのか。長い間、研究炉として残すという言い逃れをしていたが、何の役にも立つはずもなく、完全にやめてしまうことだけは避けるために、時間かせぎをしていたのであろう。おそらくそれは、既に新型の設計図もできているので、国民の原発への反発が少し落ち着いた頃に、新型の建設計画を通過させようと、「もんじゅ」の廃炉予定を先延ばしにしていたのであった。そしてそれはとうとう、ついに時間の限界がきて、政府は「もんじゅ」の廃炉予定を口にしたのではあったが、案の定、それは新規の建造計画とセットで、発表がなされたのであった。

二〇一六年九月二一日、政府はようやく、高速増殖炉「もんじゅ」について、「廃炉を含め抜本的な見直しをする」とした。これは、長年の危険を訴えてきた人々の結んだ実であった。しかし、まだ手放しで喜べない状況があり、気を緩めてはならない。

政府は、「もんじゅ」廃炉を認めざるを得なくなっても、「高速炉開発会議」を新設し、核燃料サイクル政策も維持するとした。つじつま合わせで、プルトニウムを消費する形でプルサーマルを行い、プルトニウムを手放さないつもりである。また、停止中の「常陽」(もんじゅの一世代前の実験炉)の再稼働についても触れた。さらには、フランスが建設予定の新型高速炉「アストリッド(ASTRID)」も共同研究(共同開発)するとした。これは既に二年前にフランスと合意済みのものであり、冷却材にナトリウムを用い高速の中性子を扱う炉の研究を堅持した。それは高純度のプルトニウムを生み出すのに不可欠の技術だからである。勿論そのことは表に出さず、高寿命の死の灰を核変換するための研究だと説明するが、全く非効率のうえに膨大な放射性核種が出てくることに変わりはない。そしてそれは基本的に、「もんじゅ」と同じタイプの超危険な炉である。ご存知のように、冷却材に用いるナトリウムは空気に触れると燃え、水に触れると爆発する。配管も、温度差による破裂を避けて非常に薄く作られている。しかも、MOX燃料の高速炉はアッという間に核暴走の恐れがある。大事故を起こせば世界は終わりである。こうしたものに莫大な金をかけ執着する政府は、とても資源の利用などを考えている神経ではない。あるのは軍事的な野望と兵器商売であろう。

非核三原則は法的拘束力がない。しかし

さて、このようにして進められてきた日本の核政策だが、上にも述べたように、遡れば岸信介が総理の時に、さっそく彼は「現憲法下でも自衛のための核兵器保有は許される」と明言をしている。以来それは、日本政府の公式見解となっている。また、佐藤栄作は非核三原則を打ち立てたが、それはアメリカとの関係を重んじたものに過ぎず、その本音は平和とは程遠いものであったことが現在では暴露され、ノーベル平和賞を授けた機関も後悔をしている。ところで、核拡散の危険性については、インドの核物理学者ガデガー博士が、「エネルギーの『平和利用』ということさえ偽善的に宣誓すれば、核兵器プログラムのあらゆる要素の整備が可能となり、あとの決定は国家の指導者に握られることになる」と指摘をしている（大庭里美『核拡散と原発』南方新社）。日本がそうすれば世界は終わりに近づくが、政府にはそれが悪であるとの認識がない。しかし、もし被爆国が核兵器を持てば、それはどんな理由をつけようとも世界に歯止めはなくなり、どの国も真似をするようになるだろう。それは避けなければならない。

非核三原則は、法的拘束力がなくただの政策であり、いつでも政策によって変えられることは外務省も認めている。そして、ブッシュ政権までの間に実はもう日本はアメリカから、もはや核武装の解禁を内々に告げられていると諸会見の流れからは推測され、それゆえ安倍・福田・麻生・中川と閣僚から物騒な発言が続いたのであった。政策は、変えても反発によりまた戻される。政府はそのため、きっちりと改憲を考えている。平和憲法は、いわば首の皮一枚で保たれている現在である。世界が断念したのに、日本が高速炉増殖炉で得ようとしていたプルトニウムは、黒鉛炉で得られる以上に高純度のものである。政府は「もんじゅ」を廃炉にするとしたが、新規開発すると表明した高速炉も、基本的には同じ技術・構造である。本当の狙いは、高純度のプルトニウムを得る方法を残しておくことである。アメリカは、日本に「もんじゅ」を許可したときより、もし上手くいけばそれから取れるプルトニウムを共有したいと思っていたであろうし、また同時に、中国・ロシアへの睨みは、日本に核保有を認めることにより任せると、方針を変えていたようである。加えてそれは、北朝鮮に物を言わせないようにするという効果もあるだろう。この際、そうしたことを総合的に考えて、同盟国である日本に、かねてからの願いを認める方向性でいるのであろう。ただし、裏切りの繰り返しである歴史の日本に対し、それを許さないぞと監視をするため、恐らくは原子力空母を、佐世保ではなく首都圏の横須賀に、母港として置くこととしたのであった。原子力空母とは、近くに来られれば放射能事故の心配により攻撃することが出来ず、一方的にやられるだけという、禁じ手の兵器である。

日本政府は、アメリカへ裏切りをしないことの証しとして、ジョージ・ワシントン号の横須賀を母港化することについては、反対する国民の二万人パレード、また翌週にはヴェルニー公園での五万人集会をも無視した。メディアもこれを取材したのに報道せず、最後の入港日の一〇〇人ほどの淋しいシュプレヒコールを映像で流しただけであった。政財界一体となった弱い者イジメである。それは今にして始まったことではなく、戦時中も戦後も一貫として沖縄に取ってきた態度がまさにそうであった。そして恐らくは、いずれ日本が核武装をするときに、どこに配備をするかの唯一の候補として沖縄を考えているのであろう。かつて秘密裏にアメリカがそうしていた場所であり、他の場所では国民全体の反発を招くと政府は考えているからである。しかしそれは断じて許されてはならない。

アメリカに逆らわない形で日本が核武装をし、なおかつ日本がアメリカの便宜をはかる形である沖縄の基地を継続すること、それはまた日本にとっても先述のように都合がよいわけであるが、これら核（原子力）に関することと日米安保条約とは密接に関係を持っている。また日米安保条約をさらに機能させるためには、改憲が必要であることも、これらの問題と強く関係している。一九六八年の旧「日米原子力協定」では、日本には使用済み核燃料を自由に再処理することは禁じられていたが、一九八八年の新「日米原子力協定」では、アメリカの同意を得た形で再処理をする権利を得ている。しかしそれは日本が日米安保条約を破棄しない限りにおいてのアメリカの同意である。日本が日米安保条約を破棄すれば、日本は一切の原子力に関する権利を失うし(原発そのものまでも)、日米安保を裏切らない限りは、現在では再処理および自衛のための核武装はおろか、将来は核兵器をも含む全ての兵器の同盟国との商売まで解禁となるのである。日米の両政府にとって邪魔になって仕方ないのは、憲法九条である。法の精神が、どう解釈を捻じ曲げようとも、そこまでのこと(日本がアメリカと共に戦うことと、核兵器商売)は許さないからである。

再処理工場、高速増殖炉の恐怖

さて、先に少し触れたが、福井県にある高速増殖炉「もんじゅ」が、一四年半をおいて二〇一〇年五月に再起動したことについて、もう少し記しておきたい。メディアでは大々的に再稼働と報じられたが、その出力は一%前後という驚くほどの低さであった。約一年をかけて四〇%に上げ、約二年後に一〇〇%を目指すということであった。ちなみに前回の事故は出力四〇%で起きていた。「もんじゅ」は燃料にプルトニウムを用いるが、これはウランより核分裂性が強く、連鎖反応による暴走事故の危険性を増す。また高速中性子を扱うため、冷却材に液体の金属ナトリウムを用いねばならず、配管は温度変化による膨張収縮を考えて恐ろしく薄く作られている。一次系で直径八〇センチの配管は厚さわずか一一ミリ。ベランベランである。そのあまりもの危険性のゆえに、開発を目指した先進国は全て断念をした。「もんじゅ」は、投入した燃料以上のプルトニウムを得るとするが、実は投入した倍に増やすには、国が言うにも五〇年かかる（一九九三年ＮＨＫスペシャル「プルトニウム大国日本」では九〇年）。これでは投資分の回収だけで機器が放射線で老朽化するし、そんなに長く無事故での運転は不可能である。さらには「もんじゅ」敷地真下には、活断層があることがまず間違いないと見られている。大蛇のようにくねる大きな薄い配管は、直下地震に耐えられるはずもない。また、長年放置された配管内ナトリウムは、動脈硬化状態の箇所もあると考えられ、剥がれた時が危ない。前回の事故は幸いにして小さなものだったが、もし再開して運が悪ければ巨大爆発と、日本列島を壊滅に追い込む放射能放出事故となっていたかもしれない。それでもしかし「もんじゅ」にこだわっていた理由は、先にも触れたが「もんじゅ」を動かせば、少量ではあるが他の方法では取れない高純度プルトニウムが取れるからであった。これは通常の核爆弾と違って劣化せず、また超小型の戦術核ができる。日本が高速炉にこだわる真の理由は、これであろう。

二〇一〇年八月、「もんじゅ」で炉内作業中、炉内中継装置と呼ばれる燃料交換用の装置が原子炉容器内に落下した。この装置は全長一二メートル、直径五五センチ、重さ三・三トンで、燃料交換作業時にのみ炉内に入れられ、運転中などには引き上げられている。この装置を引っ張りあげている最中に、約二メートルほど引き上げた時点で落としたとされる。どうにかその燃料交換用の装置は、その後だいぶして引き上げられたのではあるが、炉心や圧力容器に損傷を与えていないかどうかは、炉内が不透明の金属ナトリウムの液体で浸されているため、確認すらできない。当分運転再開は有り得なかったし、炉心の燃料棒などに傷ありのままで再開すれば、核暴走の危険もあった。また「もんじゅ」は圧力容器の厚さがたった五センチしかないことは（普通の軽水炉でさえ一八センチの肉厚なのに、「もんじゅ」はナトリウムを扱うため薄く造らざるを得ない）、殆ど反原発の人たちにも知られていない事実であるが、それが傷つけられたりしていればと考えると、ほんとに恐ろしい。そんな状況になっても何故やめようとしなかったかは、やはり核武装準備や死の商売のためであろう。

さてもう一つ、青森県の六ヶ所再処理工場も、「もんじゅ」に劣らず、危険極まりない。ご存知の通り、ここはトラブル続きで本稼働がずっと延びている。高レベル放射性廃棄物の製造も、ガラス固化に失敗し液状分離した不良品がかなりの割合で出ている。これではすぐにステンレスの容器を破ってしまうので、地下処分などできない。またガラス溶融炉の底部に白金族元素が堆積して目詰まりを起こし、撹拌棒でかき混ぜるも折れ曲がって取れなくなり、また天井レンガが炉内に落下するなどのトラブルが続発している。さらには高レベル廃液が一五〇リットルも漏洩している。これも発見がかなり遅れ、漏洩した高レベル放射能廃液の蒸発したものが、機器配管に付着したことは確実である。徐々に腐食が進行し、事故の原因となるであろう。日本原燃（株）はこれまで何度も、六ケ所再処理工場の竣工期日を延期してきたが、これは自社の工場がそのようなどうしようもない状況にあることは勿論のことながら、福井の「もんじゅ」もまた先に述べたようなほとんど死んだも同然の状態になってしまっていたので、それに合わせてのノラリクラリの操業ということであったのだろう。六ケ所再処理工場は、上記トラブルを起こしたA溶融炉を断念し、もう一つ残されたB溶融炉でのアクティブ運転を開始すると発表している。B溶融炉は本来、A溶融炉の成功を前提として運転するはずのものであったが、彼らは約束を平気で破るし、汚染トラブルの反省もない。汚染はさらに進む。

再処理工場は、たとえ事故がなくても、放射能排出量は通常原発の一年分をたった一日で出す。海に空に、除去しきれない放射能を液体とガスで大量に排出するが、膨大な海水と大気で薄められるから大丈夫との説明である。国も、量規制は設けず濃度規制を設けたのみであり、それは詐欺に等しい。世界では、核兵器製造のためにしか再処理工場は存在した例はなく、しかも周辺への深刻な放射能汚染を免れた例もない。日本だけは大丈夫という保証はなく、既に周辺のトリチウム濃度も上がってきている。事業者でさえ三種類の放射性核種を除去できず全量排出していると認めているが、イギリスやフランスまたアメリカなどと同じように、他の様々な放射性核種やほんの微量でもガンを引き起こすというプルトニウムまで、流出することは避けられないだろう。イギリスでも、波しぶきに舞うミクロのプルトニウムが風に乗って牧草地へ飛び、その草を食べた牛の乳からプルトニウムが検出されている。周辺には小児白血病やガンが多発している。日本でも一〇〇万人が六ヶ所再処理工場の閉鎖を求めて署名をしたが、国がこれを何とも扱わない態度は明らかにおかしい。しかも再処理工場直下には、これまた活断層が存在することが間違いなく、マグニチュード八クラスの地震が起きる可能性も学者によって指摘されている。このような異常な状況であってもなお、温暖化対策には原子力をと唱え、資源の乏しい我が国には核燃料サイクルが必要という政府は、全く常識がないのか、或いは裏の魂胆があるのかのいずれかであろう。

核燃料サイクルは軍事の臭いがぷんぷん

高速増殖炉、再処理工場の両施設を経由して得られるプルトニウムは、同じく両施設を持っていたフランス以外の世界のどこも持っていない純粋な兵器用で、その純度は九八％以上になる。通常の核兵器では、一四年もすれば核分裂するプルトニウムが混入している不純物によって劣化するため、核弾頭は取り外され、新しい弾頭と取り換えられなければならないが、これほどの純度では、何十年経とうがその必要はなくなる。しかもこれほどの高純度では、驚異的な超小型の戦術核も作れる。そしてそれを小型のミサイルに装填すれば、レーダーにもかからなくなる。潜水艦にでも搭載すれば、どこから発射されるかが分からない。まさに無敵の兵器材料である。既にその抽出のための最終工程である工場のＲＥＴＦ（リサイクル機器試験施設：高速炉用再処理施設）も、東海村にほとんど誰にも知られないようにして、ほぼ完成近くまで準備が整えられている。

核兵器の小型化については、アメリカは公然と二〇〇二年に開発を明言、その後も着々と開発を進めている。世界でたった一つの国であるとはいえ、フランスが世界最高品質のプルトニウムを製造し所持してしまっているので（高速増殖炉のフェニックス、スーパーフェニックスは役目を終えて閉鎖され、だいぶ年月をおいて今度はさらに上述の新型炉を計画しているが）、日本がもし同じように高速炉技術を継続させて将来的に高純度プルトニウムを得るようになれば、アメリカとイギリスはこれを求めるであろう。

さて、アメリカは、もう二期の任期を終えたがオバマが大統領になったからといって、軍事に関しては、ずっと前の政権からその先何年間分もの計画がなされており、急な転換は到底無理な話であった。そして事実、その通りとなった。オバマ大統領は、ロシアと核軍縮を提案し、合意されたが、両国は持ち過ぎたものを減らすことによって他国も減らす算段にしかならない。これはオバマ自身がどんなにいい人であっても同じである。「全廃を究極的目標に」とは政治的表現で、死の商人たちもまたそんなに甘くない。米ロ対談後、麻生総理は安倍元総理をアメリカに派遣、オバマ大統領へ広島・長崎を訪問してほしいと副大統領に親書を預けたが、麻生・安倍ともに過去に核武装論の発言があっただけに、その真意は国民を安心させようというところにあったと思われる。結果として、二〇一六年にオバマは現職大統領として初めて、広島を訪れることとなったが、それによって日本の政治家の大半が、核武装を考えなくなったというわけではない。

それは、政治家たちを用いて、その願いを捨てない財界の野望があるからである。

六ヶ所再処理工場の日本原燃へ「原子力行政を問い直す宗教者の会」が申し入れをした時、原燃は三種類の放射性核種は一〇〇％全量、海に空に放射能を垂れ流しにしている事実を認めた。この答弁は他でも公式にしており、他の核種もこの神経では保証できない。これを取り締まる法律がないというのが、国と企業がグルになっていることの証拠である。標記の両施設組織を作った幹事会社は、日本の軍需産業トップの三菱重工業であり、今はまたアメリカと共同してミサイル防衛計画の開発と利権が約束されている企業である。核燃料サイクルは、エネルギーのためというよりも軍事の臭いがぷんぷんとする。

キリスト者が平和を実現するためにすべきこと

これらの日本の異常な状況は、いったいどうして起きているのだろうか。「もんじゅ」と六ヶ所再処理工場においてなされた無謀を見ただけでも推測されるが、これらは、どんなに危険があっても、またどんなに汚染が進むとしても、引き返す気がない国の特別な事情をうかがわせていた。それは何か。一つ確かなことは、国が本音を言わなかったにせよ、「もんじゅ」を動かせば超兵器級のプルトニウムが取れるという事実であった。「もんじゅ」を一年本稼働すれば、劣化する同位体を含まない九八％以上の純粋なプルトニウム二三九が六二キログラム取れる。プルトニウム爆弾は、第二次世界大戦の時は約八キログラムで作られたが、現在は技術が格段に進んで、三キログラム以内でも作れるとのことである。しかもこの純度だと、さらにそれ以下で作れる。日本が「もんじゅ」ないしはそれに代わる新施設を稼働させれば、やがて自衛のためにと言って、先制攻撃には使わないことを前提に、何発か小型の核爆弾を持つ可能性がある。それは前述したように、潜水艦に積めばレーダーにも映らない無敵の兵器である。推進側の論としては、これぞ相手に最初の一発を撃たせずこちらも撃たずに済む、平和のためのミサイルになるというわけである。またアメリカも、この材料を買うことでそれを許すだろう。「核兵器については、NPTに参加すると否とにかかわらず、当面核兵器は保有しない措置をとるが、核兵器製造の経済的・技術的ポテンシャルは常に保持するとともにこれに対する掣肘（せいちゅう＝妨げ）をうけないよう配慮する」というのが、佐藤総理以降、日本の外交政策となっている。

私は『原子力行政を問い直す宗教者の会』として、これまで何回も国へ申し入れをしている。こちらが一〇名ほどで行くと、ときには二〇名以上の官僚が並ぶ。そんな大勢並ぶことは、どんなに原子力施設の地元の人々が申し入れに来ても、有り得ないことである。それだけ宗教者の務めが重いということだろう。相手は主に経済産業省や内閣府だが、外務省も時々顔を出す。彼らは「日本の原子力は平和利用に限り、また非核三原則もあり」と簡単に説明をするが、こちらが「非核三原則は法的拘束力がなく、政策が変わればいつでも変わる可能性がある」と指摘すると、驚いたことに素直にそれを認めた。また先述の外交政策の存在も認めている。このようなかで、私たちキリスト者が「平和を実現する」ためにすべきことは何か。少なくともそれは、牧師たち教師集団は、あの大戦時のような過ちは繰り返さないよう目覚めていなければならないということであろう。平和や環境の問題を、国家にだけ委ねきることは危険である。日本の政界と経済界は、憲法改悪を待っている。そのためには、弱者を切り捨て、貧しい地に人々の嫌がる施設を建て、また最も貧しい人々に被曝労働を強いて全国を回らせてきた。そして改憲のために少しずつ外堀を埋めてきている。既にミサイル防衛に関しては、もう何年も前から武器輸出の規制を解かれている。日米での共同開発、および莫大なお金が動いている。そして日本も、「自衛のためならば」小型核兵器保有も憲法解釈上問題なしというのが、何度も国会答弁でなされている政府見解である。宗教者は、これが「もんじゅ」ないしは次の高速炉（増殖するかどうかは第一の狙いではない）と繋がっていると警戒すべきだろう。二〇〇五年の『原子力政策大綱』では、ウランもやがて枯渇するので、二〇五〇年頃より軽水炉（原発）を順次、商業ベースに乗せた高速増殖炉に換えていくということになっている。こんな危険なものを受け入れる自治体があちこちに出てくるはずもなく、それは建前で本音は超兵器級のプルトニウムが欲しいということである。こうした恐れがあるのか無いのか、原子力問題について調べてみることもなしに、ただ政府と巨大企業の言い分だけを鵜呑みにすることは、隣人の命に対する責任放棄と同じではないだろうか。キリストは私たちに、隣人の命を守り、未来の子たちへ豊かな環境を継がせるよう、期待し託している。

もうギリギリのところにまで来ている

もともとは、アメリカは日本の核武装を認めてはいなかった。しかしそれが今は、中国や北朝鮮などとの関係から、日本がかねてから望んでいたように核保持を認める方向性に現在のアメリカはあると推測される。これは表向きはそう言わなくても、政治の世界とはそういうものなのである。その裏付けはいくらでもあるが、ほんの一例として、権力に弱いメディアが堂々と載せた記事なども参考になるだろう。二〇一〇年一二月一七日の産経新聞の『オピニオン』の欄だが、日本の核武装について読者アンケートを取りその結果を載せている。「日本は核武装すべきか」については「賛成」が八五%、「公の場で議論だけでも行うべきか」については九六%が「そう思う」と回答している。かなり大きな紙面であった。こういう記事を、アメリカが知らないなどとは考えられないが、どこからも文句が出た記憶はない。要するに「おやりなさい」ということなのである。アメリカが日本の核武装は許さないだろうという時代はとっくに過ぎており、本当に危機的状況にあるのである。

アメリカの国防費は、教育費の七倍、保険医療費の一五倍である。このように仕向けているのは世界の死の商人で、そのナンバー一、二は、ロッキード・マーチンとボーイングであるが、何とこのトップ二社が競い合うどころか仲良く手を結び、世界で一四位ほどの三菱に声をかけてきて、ミサイル防衛の共同開発を開始している。当然三菱にとってこれは願ってもないことであったが、これは日本がアメリカと集団的自衛権を行使できるようになれとの、アメリカからの強烈な改憲の誘いでもある。つまりミサイル防衛とは、日本は自国に着弾しようとするミサイルだけを打ち落とせばいいというものではなく、アメリカに向けて飛んでいるものであろうとも、ゆっくり見定めている時間はないはずであるから、打ち落とせるようになるために（集団的自衛権）、改憲の突破口とせよというわけである。政府や三菱にとってこれは渡りに船であり、改憲と利権の一石二鳥を狙うチャンスとなっている。既にアメリカは、レーダー強化のため青森県の航空自衛隊車力分屯基地に、まだ自国にも実践配備していなかった極秘兵器のXバンド・レーダー（一〇〇〇キロ以上先を超音速で飛行する弾道ミサイルをキャッチできる）まで配備していたが、つい最近、京都府の京丹後市（丹後半島の航空自衛隊経ヶ岬分屯基地）に、追加の設置が強行に決められた。まったく、日本はどうかしている。

実に様々なことが多くの人が知らないところでも着々と進められてきている。アメリカと日本との共同作業による推進であり、意外な分野にまでそれは及んでいる。日本政府は二〇〇八年五月に宇宙基本法を制定したが、これは宇宙条約に反しない限り、宇宙の安全保障や軍事的な利用をも可能としており、例えば早期警戒衛星のような防衛目的にも利用できる道を開いた。このことは、いずれ自衛のためという理由づけがあれば、様々なことが可能となっていくことをも意味していた。軍事と産業界とが一体となって動き出す時期も遠くないのではないだろうか。同盟国であるアメリカが許してくれさえすれば、何でも可能なのである。むしろアメリカにとってもそのことは、便利よくなるとさえ考えられることである。既に述べたように、日本の経済界も改憲を願っており、最近は核武装論まで露骨に語られる。そうしたなか、二〇一二年六月二〇日、原子力基本法が改正されたのであった。原子力利用の「安全確保」は、「国民の生命、健康及び財産の保護、環境の保全並びに我が国の安全保障に資することを目的として」行うとされた。さらにこの日、改正宇宙航空研究開発機構法も成立している。宇宙開発機構の活動を平和目的に限るとされていた規定を削除し、防衛利用への参加も可能としたのである。上記の宇宙基本法の狙いを補強する内容となっている。

さて、いろいろと述べてきたが、要するにこれまでの日本の原子力政策は、アメリカの経済安定のために付き合わされて購入を進めた面と、その後の自国での開発に移ったあとも、特許その他のロイヤリティーをアメリカに納めながら、今度は自国での財閥を中心にした経済繁栄を目指した面、さらに将来的には改憲および核武装の準備の面、またそれを突破口にした巨大なお金が動く核兵器商売にもあやかりたいという面の、多面的な様相を持っている。しかし一貫しているのは、巨大権力の営利追求ということである。この延長上に、日本の核武装も考えられている。「自衛のため」また相手に最初の一発を打たせない「平和のため」という強弁を用いてでも、これを進めようとしている者たちがいる。しかし、日本がもしそうすれば、他国も追随し、暴走は止まらなくなる。このような財閥や巨大企業の大株主を中心においた社会のあり方は間違っており、平和と環境を求めて庶民が中心となること、そしてそのためにキリスト者が人々と一緒に立ち上がることが待たれている。教会は見張り人として、目覚めていて、命を守る者であらねばならない。

自民党は二〇〇五年に出した改憲草案より、今回出ている改憲草案のほうが一段と露骨であり国家主義的となっている。天皇を国家元首とし、再軍備、基本的人権も削除し、国民を縛るための悪知恵は各所に見受けられる。国民の自由は制限され、逆に靖国の国営化を国民統合の象徴と目指す。それらは核武装および商売とセットの構想である。この期に及んで、憲法改悪阻止にも脱原発にも物を言わない教会は眠っているとしかいえない。

第三章を、聖書の御言葉を読んで終わりとする。

「平和を実現する人々は、幸いである。その人たちは神の子と呼ばれる。義のために迫害される人々は、幸いである。天の国はその人たちのものである。」(マタイ五章八、九節)。アーメン。

第四章　いのちを愛し、平和をつくりだす者として歩むこと

何の教訓も説得性もない再稼働

今この第四章の原稿を書いている二〇一五年八月に、鹿児島県にある川内原発（一号機）が再稼働をした（二号機は一〇月再稼働予定の申請中）。メディアは一斉にこれを報じた。しかし正確には、これは再稼働審査のための起動の段階であり、最終的に正式に「再稼働」となっていくかどうかについては、起動後審査が全て終って、さらに地元自治体の承認を得てからしか、公式なものとはならない。メディアも第一報の一一日の後、そのことを知ったはずだが、スポンサーたちの機嫌を損ねたくなかったのか、あるいは、ここまで来てしまえば止めることができないことに変わりはないと思ったのか、ほとんどの局がそのことを報じていない。しかしそれでも、国民の多くは、ご存知のように「再稼働」第一報の直後に、桜島の噴火の警戒レベルが四に引き上げられたことにより、それは天の警告ではないかと思った方は多かったのではないだろうか。

また起動後わずか十日後に、川内原発一号機は復水器内部に海水が浸入する事故を起こし、出

力上昇操作を中止したが、その原因は検査した結果、三つに分かれた復水器のうちの一つの、そのまた二つに分かれた水室内にある一万三千本もある冷却用海水細管のうちの五本の細管に損傷が見つかったということであるが、それで全てだという保証はなく、同じことは他の水室でも起きる可能性は否定できない（全部で復水器内の細管は七万八千本もある）。しかし、この期に及んでも九州電力は運転停止せず、損傷した細管の交換すら行わないで、栓をしただけで正式「再稼働」への準備を継続中であるが、そのような強引な姿勢が、次の大きなトラブルまた事故を誘発していくものであるということに、気づくべきである。今回のトラブルで心配されるのは、これはまだ序章に過ぎないのではないかということである。

実は最近の出来事で、アメリカのカリフォルニア州にあるサンオノフレ原発が二基、廃炉に追い込まれたが、原因となったのは、二〇一二年に蒸気発生器が破損事故を起こしたことによる。その部品を作ったのは三菱重工であり、同社は一兆円近い賠償金を請求されている。そして、深刻な問題として、その部品はほぼ新品だったことが挙げられている。川内原発はこの三菱製であり、今回のトラブルは二次系の復水器で起きているが、サンオノフレ原発と同じく一次系の蒸気発生器で事故が起きないか、本当に心配である。原子炉に直結する一次系の巨大装置で、四年以上も動かしていなかった部品の損傷による事故が起きれば、相当深刻な事態に至る可能性がある。これを平気で再稼働をしようとしていること自体が、狂気の沙汰である。国民は、このままズルズルと「再稼働」が知らない間に正式なものとされていくのではなく、あるいは正式なものとなっていってしまったとしても、いつでもそのことはマズイ判断であったということに気がついて、改めて停止をさせていくことは可能なのである。そのためにも、再び原発震災が起きて手遅れになってしまう前に、今回の川内原発を動かすことになった経過が正しかったのかどうか、しっかりと検証しておくことが大事である。

今年（二〇一五年）の夏は暑かった。しかしその猛暑にも電気は足り、しかももう夏も過ぎようかというときに、なぜ動かす必要があったのか。何一つ国民を納得させるものはない。これらについてはメディアもいろいろと紹介をしていたので、ご存知であろうから詳しくは述べないが、幾つかについてだけは簡略であるけれども触れておきたい。

まず、避難計画についてであるが、国はその作成を自治体に任せ、審査せず、責任も負わず、不充分な内容が露呈されているにもかかわらず再稼働させてしまったことは、あまりにもお粗末な話である。また、再稼働の責任の所在を問われて、再稼働を判断するのは事業者であるとした国は、無責任そのものである。原子力規制委員会は、ある意味正直であったかもしれないが、審査はしたけれども安全とは申しませんというのは、本当にヒドイ話である。安倍総理もいい加減にしてほしいが、当初は何もわかっていなかったために、「世界で最も厳しい安全基準に則り、安全だと結論が出れば、再稼働を進めていきたい」とし、また川内原発の審査が通ったときも「原子力規制委員会によって安全性が確保されることが確認されたので」などとインタビューに答えていたが、もちろん「安全」は確認されていない。規制委員会は、「安全」基準など作ることはできず、「規制」基準を設けて審査したに過ぎないからである。そこで安倍総理は最近になって、ようやく自分が言っていたことが無理な話だったことに気づいて、「世界で最も厳しい規制基準をクリアーしたと規制委員会が判断した原発は、再稼働を進めていくというのが従来からの政府の方針で」と、言葉をすり替えて使うようになっているが、ゴマカシばかりである。

ゴマカシというのは、原発においては、至るところで講じられている。そもそも、この原子力規制委員会というのも、その設置のはじめからして、五人中三人が原子力ムラ出身という委員構成であった。島崎委員はその中で孤軍奮闘を強いられ苦悩されたと思うが、二〇一六年の夏で任を終え交代となっている。ちなみに、委員長は代わらないままだっただが、その田中俊一氏の経歴は、原研機構副理事長、原子力委員長代理、原子力学会会長を歴任、低線量被曝の影響を軽視、さらには自主的避難の賠償に最後まで反対、決まっても抗議した人物であった。これは中傷で言っているのではない。これは田中委員長個人の問題ではなく、任命する側に厳しく公平性の責任が問われるのである。

しかし、国の設置する委員会というのはいつもこのように、自分たちに辛口意見の者は少数だけアリバイ工作で入れて、あとは圧倒的多数の推進派と、その代表格を長に置くというのが常套手段である。そのようにお膳立てをするのは官僚たちで、それは長年にわたって財界の意向を尊重する形で仕切られている。そのような面々であるので、「安全基準」などは作成せず、「規制基準」をある程度は地震大国ということを考えて作ったに過ぎなかったわけである。だから、総理が「世界で最も厳しい規制基準」と評したことについても、委員長は記者会見でそのことを聞かれ、ウヤムヤにしか返答できなかったのである。そして安全についても、「絶対安全とは申し上げないし、事故ゼロだということは申し上げられない」と、ゴマカシきれずに答えるほかはなかったのである。

さて、今回の再稼働について話を戻すが、その経緯は、およそ二年近くも全国すべての原発が停止していたので、何が何でもこの夏が終わる前にどこかの原発は動かしておきたいという、政府・電力会社・原発メーカーの一体となったゴリ押しによって、この暴挙は行われたものであった。川内原発が全国での再開第一号となったのは、地元自治体の長と県知事が賛成であったことが大きく、それは簡単に言ってしまえば、貧しさが大きな要因であり、それに負けない市民・県民がどれだけ反対しようが、お構いなしである。しかし言っておくが、想定された地震動の小ささ、火山の噴火予知の甘さ、避難計画の杜撰さ、必要不可欠とされる免震重要棟すら完成させないままでの再開とは、大人のやることではない。最近あちこちの火山活動が活発になっており、それを心配するのは当然のことであるが、そのことだけをとってみても、九州電力や規制委員会の見解は、カルデラ火山の破局的噴火の可能性は充分に低く、起きる場合にもモニタリングにより前兆を捉えることができるとしている。しかし火山学者たちは、破局的噴火はいつ起きるかはわからず、根拠に乏しいと言っている。また仮に予知できたとしても、使用済み核燃料の搬出には五年もかかるが、そんな時間の余裕があるはずもない。さらには搬出先も決まっていないとは、本当にいい加減な計画である。これが大企業のやることだろうか。もちろん核のゴミの問題も覚えられていない。恥かしいほどの、倫理観のないしわざである。

それに、だいたい、誰が考えてもおかしいのは、あの悲惨な福島での原発事故を経験しても、その原因究明すらきちんとなされていない状況で、いったいどのようにして事故が再び起きないような措置を、行うことができるのだろうか。例えば、飛行機事故が起きた場合、その原因究明が徹底的になされて、その対策が万全に取られるようになり、安全性も確認されたのちにしか、同じ機種の飛行機は使ってはならないものである。トラックや自家用車にしても同じである。ところがどうして日本の原発においては、他のどんな機械よりも巨大にして複雑であり、しかも事故あるときの被害が甚大になることが心配されるものであるのに、国会の事故調査委員会が出した報告書の指摘もクリアーされないまま、運転再開してよいだろうか。津波の前に、地震が原因で配管が破損した可能性が否定できないと、国会の事故調査委員会が指摘したにもかかわらず、そのことの調査もなされず、また調査をさせないための電力会社側の偽証まであったことが判明しても、立ち止まろうとしないとは、とても尋常ではない。いったい全体、原因が完全に究明されないで、どうして安全が確保されるだろうか。およそ、他の先進国では許されないことである。

このようなことを黙認し放置することは、聖書の教えではない。社会的な問題は、何もかもすべて国に委ねるのが正しい、と勘違いしている人が教会にいるならば、目を覚ましていただきたい。また、決して国の安易な言葉に、騙されないでほしい。今回も、「政府としては、万が一事故が起きた場合、国が先頭に立って対応する責任はある」とはしているが、それは福島での原発事故に対してと同様に、一〇〇ミリシーベルト浴びても大丈夫であり、子どもでも年間二〇ミリシーベルトまで許容され、そして事故が起きても放射能がベントによって放出されることをよしとする、とんでもない方針である。また被害に遭われた方々に対する賠償も電力会社任せにするという、無責任の極みの言葉である。決して騙されてはいけない。そして、私たちは、仮に原発のない県に住んでいるとしても、その近くに住む人たちの不安を、自分のものとして考えるべきである。

重要なことなので繰り返し言うが、例えば避難計画一つをみても、想定された狭い区域の外に住んでいる人たちには、避難先が決まっていないのである。ひとたび事故が起きれば、すぐにもその範囲は広げられることになる。そのとき、そこにある小さい子どもたちや動けない老人の施設に、どうしろと言うのだろうか。それは絶望的なものである。そして、だいたい、深刻な放射能漏れ事故の起きる可能性が否定できず、避難計画を立てなければならないような危険な発電方法は、それ自体が認められない。そのことは宗教的に当たり前のことであり、もし異論があるならば、それは最も電気を必要とする都会に原発を建てるというのがスジであるだろう。私も属する「原子力行政を問い直す宗教者の会」では、これまで何度も政府に申し入れを行っているが、今回の川内原発再稼働の件についても反対の申し入れを今年一月に行った。会のホームページに申し入れをした文書も載せているので、ぜひお読みいただきたい。私たちは文書を渡し、しばらくの時間、国の役人たちと会談をした。私は、「誰が安全を確認したのか」ということと、「避難計画を前提にすること自体が、認められない」ということを、厳しく糾弾させていただいた。原発は重大事故が起こり得る。そしてそれは対処しきれない。自然を失い、故郷を失う。人々の生活のすべてを奪う。福島の事故はそれを明らかにした。

経済のことを考えても

ずいぶんと長い間、国・電力会社により、原子力推進のための宣伝や都合のよい算定による情報ばかりが流されてきたので、なかには、原発再稼働やむなしという方で、経済のことを言う人もあるが、これについては映画『日本と原発』で、河合弁護士が丁寧な反論をしている。安倍総理が、毎年三兆何千億円だかの国富の流出だと燃料費のことを強調するのは正当ではなく、その数字も円安や原油額の変動による影響が大きく、実際にはその半分程度の評価である。しかしいずれにせよ、仮に高いほうだとしても、国民全体の経済活動というのは年間五〇〇兆円以上もあり、さらに国全体の総資産は三〇〇〇兆円ほどもあるので、それらと比べると、安全のために少々お金を使うのは、全然問題にならない。しかも、その燃料費も公的資金を投入するのではなく、経済活動全体で賄っているので、何も問題ではないとしている。以上は映画をみた後の私の記憶によるものなので、多少正確ではないかもしれないが、だいたい合っていると思う。それにしても、この映画は必見であり、原発問題のほとんどの要点が、二十数点にわたってまとめられている。全国で続々と自主上映されているが、ぜひ近くでの上映があれば、ご覧になられることをお勧めする。『日本と原発』でホームページが出ているので、そこで全国各地の有料試写会の予定日を調べられるとよい。私の教会でも二週にわたり試写会を行った。たくさんの方々がこられ、皆さん感動とともに帰って行かれた。試写会のための必要な詳細もホームページを開けば案内が出ており、申込書も印字できる。

この『日本と原発』にも少し出てくるが、皆さんもご存知のように、二〇一四年五月に福井地裁で出された大飯原発三，四号機差し止め訴訟の判決では、原発は人格権が広汎に奪われる事態を招く可能性を有するものとして捉えられており、「かような事態を招く具体的危険性が万が一でもあれば、その差止めが認められるのは当然である」として、被告は「大飯発電所三号機及び四号機の原子炉を運転してはならない」との言い渡しがなされた。これは、「個人の生命、身体、精神及び生活に関する利益は、各人の人格に本質的なものであって、その総体が人格権」であり、「人格権が公法、私法を問わず、すべての法分野において、最高の価値を持つとされている」ことに基づき、なされた判決である。この判決が地元の差し止めを願う方々だけでなく、全国の脱原発の人々に大きな感動と勇気を与えたのは、そこに崇高な精神が毅然として貫かれていたからである。

樋口英明裁判長によるこの判決文を、もう少しだけ紹介しておきたい。まず、「原子力発電技術の危険性の本質及びそのもたらす被害の大きさは、福島原発事故を通じて十分に明らかになったといえる」と、はっきりと宣言している。そして、経済的な問題についても、被告電力会社が弁明していた内容に対し、次のように述べている。この部分は今後の原発問題の議論のうえで、非常に重要な点を記しているものといえるだろう。すなわち、「被告は本件原発の稼動が電力供給の安定性、コストの低減につながると主張するが、当裁判所は、極めて多数の人の生存そのものに関わる権利と電気代の高い低いの問題等とを並べて論じるような議論に加わったり、その議論の当否を判断すること自体、法的には許されないことであると考えている。このコストの問題に関連して国富の流出や喪失の議論があるが、たとえ本件原発の運転停止によって多額の貿易赤字が出るとしても、これを国富の流出や喪失というべきではなく、豊かな国土とそこに国民が根を下ろして生活していることが国富であり、これを取り戻すことができなくなることが国富の喪失であると当裁判所は考えている」。まことに、素晴らしい判決であり、歴史に残る名文といえる。

せっかくなので、あと少しだけ紹介をしておきたい。「また、被告は、原子力発電所の稼動がCO二排出削減に資するもので環境面で優れている旨主張するが、原子力発電所でひとたび深刻事故が起こった場合の環境汚染はすさまじいものであって、福島原発事故は我が国始まって以来最大の公害、環境汚染であることに照らすと、環境問題を原子力発電所の運転継続の根拠とすることは甚だしい筋違いである」。まったく、その通りである。

福島の惨禍を経験してなお、しかもその収束が見通せないなかで、原発再稼働や輸出に進むことは、人間の倫理として許されることではない。それは人道的に、また宗教的に、当たり前のことである。仮に、経済のことを言っても、繰り返すが、「豊かな国土とそこに国民が根を下ろして生活していることが国富であり、これを取り戻すことができなくなることが国富の喪失である」との言葉を、私たちはしっかりと刻んでおきたい。

以上を基本的な考え方においたうえで、原発の経済性に関して、もう少しだけ別の角度からの紹介もしておきたい。ただしそれはほんの短く、簡単な紹介にとどめたい。というのは、この方については原発について関心のある方はどなたもご存知で、その著書もいろいろ出ているので、もう既に多くの方が読まれていると思うし、もしまだであるならば、ぜひご自身でお読みいただきたいと思うからである。ご存知、立命館大学の大島堅一教授である。この方も、映画『日本と原発』に登場されている。国・電力会社によって長年、原発の電気は安いと宣伝されてきたことの嘘を、国と電力会社から発行されている公式資料に基づいて計算し直し、暴いておられる。

それはかねてから脱原発の市民たちにより、国・電力に対して指摘がされていたことであったが、私も浜岡原発の近く、交付金をもらっている四市の一つの掛川市で、国が原発への理解を深めてもらおうと市民と少人数登録での懇談会を開いたときに、国の役人に対し、各発電方法の違いによる電気の経費表示が不公平な算定に基づきなされていることを指摘したところ、それはズバリだったようで、どの役人も口をつぐんでしまった。

大島教授はまさにその内容を、細かく数字を精査したうえで、国・電力会社のインチキな計算方法を暴いてくださったのであった。ぜひお読みいただきたい。実は今既に、原発が一番高い発電方法であるが、それでもまだ公式資料に出てこない数字が幾つもあって、オモテに出てこない莫大な宣伝経費や、廃炉や使用済み核燃料の処理にかかる費用が非常に安くしか見積もられていないことなど、いったい幾らまで本当は経費がかかるのか青天井のような状態であるのが、日本の原子力事情である。こういうものはサッサとやめて、再生可能な自然エネルギーのほうに力を入れていったほうがよほど良い。また、日本には工業界のために大きな電力も必要だと言う人がいるのなら、電力会社はガスによる発電を増やしたほうが効率もよく、値段も安いうえ放射性廃棄物も出さない。安定した電力をと言うのなら、原発は最も不安定な電力ではないだろうか。事故やトラブルで停止すれば、その落差を調整するのに大へんであり、大きな震災のときにも安定した電力を供給できるためには、社会全体が小規模分散型のエネルギー供給システムに切り替えていくことが、賢い選択である。国や電力会社は、なぜ原発にこだわるのか。

これらの、およそ不自然な政策は、その裏に、国民の目に公にするわけにはいかない、よからぬ理由があると推察すべきであろう。それは単純な一つの理由ではなく、あるいは幾つもの理由が、複合的に絡み合っているのかもしれない。しかし、何か理由があるのである。そしてそれが隠されなければならないのは、権力の側に利する要素が大きく、国民の側には、利する要素よりも害となる要素のほうが大きいからこそ、隠されるのである。このような不公平ないしは害となるものが存在し、弱者を苦しめることになっているのは神の御心ではない。かつて旧約の預言者たちは、そのような社会の構図を厳しく糾弾し、王や権力の側につく者たちに対して悔い改めを迫ったのであった。多くの場合、偽預言者たちも存在し、権力の側の御機嫌取りのようなことも語ったことが記されてあるが、私たちがそうであってはならないことは当然のことである。新約の時代に入っても、主イエスは偽預言者に警戒しなさいと教えられたが、それはいつの時代もそのような者たちがいることと、同時にまた私たちがそのような者に堕落することがないようにとの、二つの意味があったであろう。私たちは今の時代も、権力の側がなす偽りを見抜き、このことを改めさせていく預言者としての務めがあることを、覚えなければならない。それは弱者たちのためだけでなく、権力に座す者たちのためでもある。地の塩、世の光として、また見張り人としての歩みが、キリスト者とりわけ共同体である教会に求められている。

原発に関する不都合は隠したい国

先日、深夜の民放テレビで、NNNドキュメント『二つの〝マル秘〟と再稼働。国はなぜ原発事故試算隠したか』という番組が放送されていた。三〇分の番組であったが、非常によくまとめられていた。番組には、二つの、国が原発に関する資料を隠していたことが紹介されていた。一つ目は、一九五九年に当時の科学技術庁が日本原子力産業会議に委託して試算させた『大型原子炉の事故の理論的可能性及び公衆損害額に関する試算』であり、二つ目は、一九八四年に外務省が財団法人日本国際問題研究所に委託して研究させた『原子炉施設に対する攻撃の影響に関する一考察』である。もちろんその両方とも国の意向による調査報告書である。前者は作成されてから三九年間、後者は三〇年間、情報公開請求がなされるまで隠されてきた。

前者は、国がこれから原発を建設していくうえで、もし事故が起きた場合を考えるために、まさに当時、原子力損害賠償法を一九六一年に制定しようとしていた折の重要な参考資料として作成されたものであった。しかし、国会で提出されたのは、わずか一八頁しかない薄い冊子であり、元の二二六頁にも及ぶ詳細なデータは、闇に隠されたのであった。

後者は、一九八一年にイスラエルがイラクの原発を空爆したことをきっかけとして、日本の原発も他国から同様の攻撃を受けた場合、どういう被害が起きるかを研究したものである。この六三頁の資料も、今年に情報公開請求がなされるまで隠されていた。

後者は、現在国会で審議中の安全保障に関する法案に関連して、情報公開が求められたことにより明らかとなったものであるが、前者資料も、最初一九九七年に野党議員がその存在を嗅ぎつけ質問したことによって明らかにされていったものである。前者についてが特に最初の隠蔽であり、またどうしてそれが隠されることになったかの、わかりやすい例が既に書籍などで明らかとされているので、これについて少し紹介しておきたい。

いわゆる一九五九年の原発事故試算資料は、東海一号機をモデルにした一六万六千ｋｗの今では小さな原子炉に関する試算であり、そのわずか二％の放射性物質が漏れ出たとの想定で、急性障害になる人の見舞金や死亡する人の葬儀代などの、ほんの雀の涙ほどの額を支払うだけで、当時の国家予算である一般会計の二倍以上のお金がかかるという結果が出たものであった。単純に現在の貨幣価値で計算すれば五九兆円とのことであるが、当時の東京の人口も六〇〇万人とあり今より少なく計算されているので、現在で換算し直せば約一〇〇兆円もの賠償をしなければならないという、驚くべき内容となっている。しかもそこには、五年、一〇年でガンになっていくというような晩発性のものや慢性の障害は、計算に入れられていないのである。それでも、この数字になったのである。だから、この資料は闇に隠されたのであった。ついでだが、後者の資料の、日本の原発が攻撃を受けた場合の研究についても、三〇年も前のものであるのに、対処することの困難な事態を招くことが記されているのは、言うまでもないことである。

もう少しだけ、先述の一九五九年に作成された原発事故試算資料のほうについて補足をしておくと、最初この要約版の薄い冊子が用いられたにせよ、国会でそこそこ無難な線の話し合いをしておくために取られた手法は、まず事故は起きないけれども、もし起きた場合にも対処できるように、電力会社には保険を積立てる形で五〇億円を用意させておき、それで足りない場合は国が責任を負うこととした。その場合、薄い冊子の試算資料によれば、最大の場合での事故被害評価は「一兆円を超える」とされていたが、当時の国家予算が約一兆七千億円であったから、事故は最大でも国の予算の一年分程度なので何とかなると、非常に妥当な線だと思わせるような記述の仕方がされてあった。しかし実際は、分厚い元の隠された資料によれば、「三兆七千億円」と書かれていたのであった。確かにそれは「一兆円を超える」ものではあるけれども、大概の人がまさか国家予算の倍以上になるとは想像しにくいような表現をもって、薄い冊子のほうには記されていたのであった。いわば詐欺商法に近い。もしこれが、ありのままの数字や想定内容も詳細に報告されて国会で審議されていたら、到底、原子力損害賠償法は国家の力をはるかに超えるものとして制定されなかったはずであるし、原発もその後一基も建てられることはなかったはずである。元の試算資料が隠されたことは、国家による確信犯的な行為であった。

ところで、前者資料は一九九七年の野党議員の質問により始まったと初めに述べたが、もう少し記すと、最初は、国の担当部署である科学技術庁は質問に対し、その存在を二度否定した。しかし、何と、市民グループ「雑則を広める会」がその無いはずのマル秘資料を見つけ出し、その内容が一九九八年の環境新聞に報じられ、また幾人かの党を超えた議員たちの共闘も得て、最初から数えて三年目にして三度目の情報公開請求によって、ようやくそれはオモテに出ることとなったのである。その経緯は船瀬俊介氏の著書『巨大地震が原発を襲う』（地湧社二〇〇七年）に記されているが、実はそれら国会審議のやりとりの前に、先に述べたような事故被害評価額についての紹介が、既に一九九三年に出版されていた槌田敦氏の著書『エネルギーと環境』（学陽書房）によって、反原発・脱原発の人たちには知られていたのである。

つまり、この核心にも迫る情報が最初に世に出ても、それが少しずつ人々に伝えられ、やがて国会でも扱われるようになり、それでも隠そうとする人々の抵抗もあったりしながら、完全に真実が多くの人々のものとなっていくのに、五年以上もの年月がかかっていたことは、実に反原発・脱原発の運動とは根気の要るものかと改めて考えさせられる。だから、真実のための運動は、一年や二年で一喜一憂するのではなく、どんなに長くかかっても必ず真実は明らかとされて、勝利するものであるとの確信を、持ち続けることが大事である。一〇年、二〇年など、当たり前のことであろう。聖書にも、「神の御心を行って約束されたものを受けるためには、忍耐が必要なのです」（ヘブライ一〇章三六節）とあるが、それはこの世の事柄においても同じようであると感じる。

核兵器についての愚かな考え

戦後七〇年目である今年（二〇一五年）に、戦後おそらく最も危険で平和を脅かす法案が国会で審議されていることは、皮肉なことである。憲法改悪を目論む自民党改憲草案も、本当にヒドイ内容となっているが、憲法そのものにはまだ手をつけられないと判断すると、まずは憲法捻じ曲げ解釈で、実質的に、日米を中心とする集団的自衛権の行使を可能としようとする動きが、実に露骨に、数の暴力で民主政治を押し切ろうとしている。

現在この「安全保障関連法案」（戦争法案の呼称のほうがふさわしいだろう）は、国会の参議院特別委員会で審議中であるが、あまりにも常軌を逸した発言までが横行しているのには、本当に驚きを禁じ得ない。なかでも、中谷防衛大臣による質疑応答で、野党議員が法案による他国軍の後方支援として、可能になる弾薬の輸送をめぐり、「核ミサイルの運搬は可能か」との質問をしたのに対して、中谷大臣が「核兵器の運搬も法文上は排除していない」と答弁したのには、本当に恐ろしい話であると思った。日本は非核三原則を政策としているが、政策は変わり得るものであり法的拘束力も持っていない。現在審議中の法案を通してしまうと、同盟国の依頼があれば断り切れなくなるのは容易に想像できることである。しかし、おそらく与党は、別にそうなっても構わない議員たちが多数派構成を占めている。それはかつてからの発言録でも知ることができるし、むしろ、非核三原則を変えたがっている者たちが与党議員の大多数であり、それは改憲の狙いと同じである。それにしても、上記の中谷大臣の発言が八月五日で、広島に原爆が落ち平和を祈念する集会の日の前日になされたとは、本当に無神経で悲しい話であった。こういう答弁が、アッサリとなされてしまう現在の政治情勢は、この法案を通してしまえば、懸念している事態はいつでもアッサリと起こり得る、ということを暗示するやりとりであったと思う。

以下、本項においては、日本が非核三原則を破棄する日が来るのかどうか、また同盟国への協力だけでなく、自らも持ち、核武装する可能性はないのかどうか、かつての総理や閣僚や議員たち、政治へ影響力を持つ財界の大物たちの発言録などからも、これらのことを検証しておきたい。

ご存知のように、佐藤栄作元総理は非核三原則を打ち立てたが、その本音は平和とは程遠いものであったことが現在では暴露され、ノーベル平和賞を授けた機関も後悔をしている。日本の核に対する考え方は、佐藤元総理だけでなく、歴代の総理や閣僚、また財界において、ほぼ一貫したものがある。驚く方もあるかもしれないが、実は日本政府は長年、いつか核武装することを念頭におきながら歩んできた形跡があることを、私たちは知っておくことは重要である。

そのことで、主に二つの書物を紹介しておきたい。一冊目は、戦後の日本の歩みをみて、他国の識者も早期から警告を発して記したもので、アメリカのジャーナリストが執筆し、日本の大手新聞社が発行した『日本の黒い星』（A・アクセルバンク、朝日新聞社一九七二年）である。二冊目は、その三年後に、自衛隊について詳しい小山内宏氏が著した『ここまできた日本の核武装』（ダイヤモンド社一九七五年）である。以上の二冊が、戦後間もない頃からの日本の核に対する考え方について、その本音の部分を、政財界の中心人物たちの発言録をもとに分析、紹介しているので、貴重な資料となっている。二冊とも絶版となっており、古本でも高価なため入手は困難であろう。また国会図書館ぐらいしか、置いてある所も見つけることは困難であろう。しかし非常に重要な資料であるので、ここに主要な部分を抜粋紹介しておきたい。

まずは『日本の黒い星』より、著者のアクセルバンクが述べていることを「かっこ」内に記し、紹介する。「財閥は戦前よりも大きくなり、金融・産業界の巨人となった」。そして財閥のなかの三菱を例に挙げ、三菱電機社長（当時）の大久保謙氏について、「大久保謙は、日本は軍事費を四倍に（一九六九年当時の）すべきだと考えている」、「大久保はさらに日本の核兵器保有も主張している」と紹介した。また「一部の日本人は、日本が『潜在的な核大国』であると して、誇りすら持っている。しかも、それは新しい誇りではない。一九六九年、日本の科学技術庁は一〇発の原爆を製造するだけの核分裂物質を、日本は保有しているとのべた」と触れ、さらに「日本政府は核兵器を製造しないと公約しているが、一九七〇年の『防衛白書』をみると、日本の核政策に微妙な変化があったことは明白である」、「すなわち『白書』は、〝小型の核兵器が、自衛のため必要最小限度の実力以内のものであって、他国に侵略的脅威を与えないようなものであれば、これを保有することは法理的に可能ということができる〟というのだ。この言葉づかいは、慎重に工夫されている。つまり、政府が必要とみなすときには、政策変更の口実がいつでも間に合うことを意味しているのだ」と、冷静にその可能性について分析をし、警告を発している。佐藤元総理の非核三原則の表明、また沖縄返還における付帯決議としてこれを国是としたことなどの、表面的な事例に惑わされず、よくぞ著者は客観的に全体像を把握していたと感心する。彼の分析は、その後も日本が同じように歩んできたことにより論証されている。

もう一冊の『ここまできた日本の核武装』は、先にあげた図書の三年後のものであるが、さらに多くの発言録で満載されている。そして、日本の核武装への思いは、岸信介総理以来、言葉としてはっきりと残っており、それはずっと変わらず政権与党によって引き継がれてきたことを示している。まずは岸総理から。「名前が核兵器とつけば、すべて憲法違反だということは、憲法の解釈論として正しくない。核兵器と名前がつけばどんなものでもいけないかといわれると、今後の発達をみなければ、一概に言えないのではないか」(一九五七年参議院予算審議)。彼はまた、同年の外務省記者クラブにて、核武装合憲論を打ち出している。すなわち、「核兵器そのものも今や発展の途上にある。原水爆もきわめて小型化し、死の灰の放射能も無視できる程度になるかも知れぬ」、「現憲法下でも自衛のための核兵器保有は許される」と。以上の発言は、前回原稿でも紹介させていただいた。

岸総理の同種の発言は、あちこちで何度も語られているが、そうしたことがのちに次のような明確な政府見解として発言されるようになっていく。すなわち、「戦術的（核）なものであるならば、外国に脅威を与えるわけではございませんし、内地を守るだけのものでございますから（日本の憲法でも）持ち得る、こういうことになっております」（増田防衛庁長官一九六七年参議院予算委員会）。これを高辻法制局長官も「核は持ってはいけない、通常兵器なら持ってもいいと憲法に書いてあるわけではない」、「自衛のためならば、兵器には核も通常も特別の区別はない」と同じ見解を示している（一九六八年参議院予算委員会）。この種の発言はあとを絶たないが、もう少しだけ紹介しておく。倉石農林相は一九六八年の記者会見で、「若い世代のために平和憲法を修正すべきであり」、「日本も原子爆弾と三〇万名の軍隊をも持たなければならない」と述べている。他にも、一九六八年、自民党の菊池議員は衆議院内閣委員会で、「非核三原則について言うほど馬鹿なことはない。時と場所によって核兵器を持つ必要が生じるものである。もし、日米安保条約が破棄され自力で日本を守らなければだめな場合が到来すれば、原子爆弾も水素爆弾も持たなければならない」と述べている。こうした発言が堂々となされるのは、国の中枢にある者たちが、政財界ともにみな同じ考えだからである。

以上のように、今日の日本の核に関しての考え方は、その本音が、いつかは持ちたいというものであることは、原発導入後の初期より、かなり露骨に語られてきたことを振り返ることができたと思う。そしてそのことが、単に願いにとどまるのではなく、実現可能なものとして準備を進めることになったのが、佐藤総理の時代からである。彼は総理になる前に、科学技術庁の長官を務めたこともあったが、そのときにフランスを何度も訪問し、フランスが独自の路線で原子力政策を進め、特に高速増殖炉計画により高純度のプルトニウム抽出を軍事のために進めていることを見学して、日本でもそれができないかプルトニウム政策の構想を固めていったことがうかがえる。そうして、総理になってからも、積極的に外務省にも命じて、核兵器の保持についての政策を検討させているのである。同種の研究は防衛庁にもさせている。外務省で一九六九年に作成された『我が国の外交政策大綱』が、徐々に人々に知られるようになってきており、前にも紹介したけれども再度ここに紹介しておく。そこには、「核兵器については、NPTに参加すると否とにかかわらず、当面核兵器は保有しない政策をとるが、核兵器製造の経済的・技術的ポテンシャルは常に保持するとともにこれに対する掣肘（せいちゅう）を受けないよう配慮する」とある。この政策は今も生きており、その通りに準備万端、いつでも政策変更によって核武装ができるように用意がなされてきているのである。

佐藤総理以降のことは、既に前回の原稿にて書いたので省略をするが、つい最近の閣僚たちまで、ずっとその核武装への意志は自民党によって受け継がれてきている。それは、自民党が結党以来、党の政策の三本柱として「憲法改憲」「再軍備」「原子力の推進」を掲げてきたこととも符合する。このことは、古いほうの綱領その他にも記されている。

安倍総理は今、安全保障関連法案の説明で、「国際情勢が変わったので」と、自衛隊の軍事強化および集団的自衛権（すなわち他国との軍事行動）を国民に納得させようとしているが、何のことはない。自衛隊を軍隊にしたいというのは、六〇年も前から堂々と党是として掲げてきていることであり、国際情勢が最近変わったからのことではない。すべてがそのように、その場しのぎやゴマカシに満ちている。「憲法に合致している」というのも詭弁であり、本音は「憲法は変えたい」なのである。また「わが軍は」などと思わず口にしてしまったように、早く正式に「軍」にしたいのである。同様に、最初に国会で原子力予算を通したときからの、その趣旨演説にも本音が語られたように、原子力は平和利用だけでなく「原子兵器」としても用いることができるようになりたいのである。

昔から、自民党は核武装を願ってきたし、その後押しをする財界は、それで儲けたい、また同盟国にも売りたいとの執着心から、どんどんと今でも可能な限りの悪知恵を働かせ、武器輸出の規制緩和を進めさせてきている。もう何でもありの感覚なのである。ここまで来れば、戦争法案の質疑応答で、大臣が「核兵器の運搬も法文上は排除していない」との答えを思わず正直に返事してしまったからといって、どうってことないと思っているのであろう。何よりそれは、アメリカの求めですらあるのだから、自国民がどう反応しようと平気なのだろう。しかしそれは、トンデモナイ話である。

真実を見抜き、言う勇気

ここまで、随分と長く書いてしまったので、短く最後の項をまとめたい。今回の原稿で計四回の執筆となった。一回目の第一章から最後のこの四回目である第四章まで、皆さんにお伝えしたかったことは、原発問題とは、単にエネルギーが足りるかどうかとか、お金が安いかどうか、また安全が確保できるかどうか、といったことが一番の問題ではないということである。

安全はもちろん守られなければならないが、たとえ安全が守られるとしても許されない問題を含んでいること、そしてその問題のほうが深層として横たわっており、それは深く平和の問題と結びついていること、平和を脅かす最も忌まわしい存在としての核兵器と、原発問題は切り離せないこと、むしろ、列強国の軍事利用を覆い隠すものとして平和利用という言葉が連呼されてきたことを、私たちはしっかりと覚えておきたい。

安全の問題が国によって軽視されたのも、そういうわけであり、はじめから結論ありきで、数字合わせのゴマカシがなされたに過ぎなかったのである。しかし実際に国・電力会社によって流布されてきたことが、全然信用に値しなかったことを、充分に理解していただくために、安全性なども含めたそれらの諸問題についても、どこが騙されてはいけない点であるかを、ある程度は説明させていただき、共に学んできた。

また、原発問題の本質がそのようであるので、放射能の問題としても、それは人体には大した影響は与えないというのが、列強国によって作られてきた話であることがお分かりになったと思う。そして同じように、それは原子力施設で働く者や周辺に住む者にとっても、何ら心配の要るものではないということを、原子力の推進側は思い込ませようとし、たとえ心配をしても貧富の差により、嫌なものは貧しい地域や貧しい人たちに押し付けるという差別の構造で、人々を支配してきたのであった。他方、権力の側にいる者たちに対しては、これ以上ないという様々な特典をつけて、そこから抜け出せないように虜（とりこ）としてきたのである。

日本が原発を導入したのも、アメリカの核政策に付き合うことによって、やがて日本もいつかはそこに加わりたかったというのが真相である。また、アメリカに従っている限りは、政財界の中枢にある者たちに、利権の集中と安定が約束されたのであった。原発体制はまさにそれである。人事の天下りなども、それに付随した不正である。

さて、こうしたことを私たちは共に学んだが、そうすると原発問題は、第一章から繰り返し述べてきたように、これは、いのちの問題であり、平和の問題であり、深く人間の倫理が問われている問題だということである。特に、私たちはキリスト者として、いのちを愛し、平和をつくりだす者として歩むことが、神様から期待され、私たちもまたそのように願っている。もし、本当にそうであるならば、まだまだできることがあるはずである。決して、社会の問題は自分たちとは関係ないと、思うことがないようにしよう。ドイツが私たちの良き先輩である。そしてドイツには、宗教者たちの働きが小さくなかったことを覚えておきたい。倫理委員会にも複数の宗教者たちがいたし、それまでにも教会で学習会が積み重ねられてきたことが、国を動かすことになったことを忘れてはならない。

教会は、神様により、この世の「見張り人」として立てられていることを、忘れてはならない。誰か個人にその働きを期待するのではなく、皆で学び、祈る者でありたい。悪の力の強いこの世においては、いちばん必要とされている働きは、悪に対してはっきりと、その悪を見抜き、指摘することである。この世の悪は、いつも上手に、ごまかす言い訳を考えているものである。しかし、それに流されてはいけない。また、何か多少でもプラスの面があるからと、本当には見過ごしてはならない悪があるのに、それを放置するようなことをしてはならない。

聖書にある物語で、サウルの罪をその悪い見本として挙げることができると思う。サウルが神に退けられた原因は、きっかけとしては最初、彼がサムエルの言いつけを待つことができず、自分で勝手に祭儀の司式をしたことではあったが、それはまだ、もし彼がすぐ懺悔をしていれば、ダビデが大きな罪を犯し懺悔をしたときと同じように、赦しを得ることもできたであろう。サウルはそれができなかったのではあるが、しかし最も彼が神に忌み嫌われる決定打となった出来事は、それではない。彼のなした一番の大きな罪は、サムエル記上一五章に出てくる話である。彼はアマレク人との戦いにおいて、神の言葉に従わず、相手の財産を持ち帰ってはならないのに、値打ちのないものは滅ぼし、値打ちのあるものは自分のものとして持ち帰り、それを後でサムエルから指摘されても、それは神への供え物にしようと取っておいたのだと、見え透いた言い訳をしたことであった。

原発の問題には、同じような言い訳がよく聞かれる。平和利用だからとか、安いからとか、経済が発展するからとか、しかしどれも、はぐらかしの言い訳である。たとえ、仮に多少の社会的貢献があるとしても、それで本当の狙いである軍事利用や特権者たちの暴利と横暴が放置されてはならない。悪のくびきは折られなければならないのである。教会は預言者として、そのことをはっきりと指摘する務めを負うている。見張り人の任である。

なすべきことをなして、私たちは天国の門をくぐりたいと思う。

主な参考文献

『原爆投下決断の内幕（上下）』（ガー・アルペロビッツ／ほるぷ出版）
『私が原爆計画を指揮した』（レスリー・グローブス／恒文社）
『原爆投下のシナリオ』（アージュン・マキジャニ、ジョン・ケリー／教育社）
『原爆はこうして開発された』（山崎正勝、日野川静枝／青木書店）
『原爆投下への道』（新井信一／東京大学出版会）
『原爆を投下するまで日本を降伏させるな』（鳥居民／草思社）
『アメリカはなぜ日本に原爆を投下したのか』（ロナルド・タカキ／草思社）
『原子爆弾とキリスト教』（栗林輝夫／日本キリスト教団出版局）
『チェルノブイリから広島へ』（広河隆一／岩波ジュニア新書）
『チェルノブイリの真実』（広河隆一／講談社）
『被ばくと補償』（直野章子／平凡社新書）
『封印されたヒロシマ・ナガサキ』（高橋博子／凱風社）
『米軍占領下の原爆調査』（笹本征男／新幹社）
『プルトニウム人体実験』（アルバカーキー・トリビューン編／小学館）

『プルトニウムファイル』（アイリーン・ウエルサム／翔泳社）
『放射線被曝の歴史』（中川保雄／明石書店）
『死にいたる虚構』（ジェイ・グールド、ベンジャミン・ゴルドマン／雑則を広める会）
『隠された被曝』（矢ヶ崎克馬／新日本出版社）
『内部被曝からいのちを守る』（内部被曝問題研究会／旬報社）
『子どもたちのいのちと未来のために学ぼう、放射能の危険と人権』（福島県教職員組合・放射線教育対策委員会／明石書店）
『みんなで学ぶ放射線副読本』（福島大学放射線副読本研究会／合同出版）
『原発災害とアカデミズム』（福島大学と東京大学の原発災害支援フォーラム／合同出版）
『内部被曝の脅威』（肥田舜太郎、鎌仲ひとみ／ちくま新書）
『内部被曝』（肥田舜太郎／扶桑社新書）
『原発事故と甲状腺がん』（菅谷昭／幻冬舎ルネッサンス新書）
『原子力技術論』（大友詔雄、常盤野和男／全国大学生活協同組合連合会）
『原子力と共存できるか』（小出裕章、足立明／かもがわ出版）
『財閥』（岡倉古志郎／光文社）
『死の商人』（岡倉古志郎／岩波新書）
『腐食の連鎖』（広瀬隆／集英社）

主な参考文献

『隠して核武装する日本』（槌田敦、藤田祐幸、他／影書房）
『藤田祐幸が検証する原発と原爆の間』（藤田祐幸／本の泉社）
『原発と権力』（山岡淳一郎／ちくま新書）
『核の力で平和はつくれない』（市民意見広告運動／合同出版）
『核を求めた日本』（ＮＨＫスペシャル取材班／光文社）
『核拡散と原発』（大庭里美／南方新社）
『エネルギーと環境』（槌田敦／学陽書房）
『日本の黒い星』（Ａ・アクセルバンク／朝日新聞社）
『ここまできた日本の核武装』（小山内宏／ダイヤモンド社）
『核大国化する日本』（鈴木真奈美／平凡社新書）
『隠される原子力』（小出裕章／創史社）
『日米同盟と原発』（中日新聞社会部／東京新聞）
『アメリカの巨大軍需産業』（広瀬隆／集英社新書）
『狂気の核武装大国アメリカ』（ヘレン・カルディコット／集英社新書）
『原発はいらない』（小出裕章／幻冬舎ルネッサンス新書）
『日本はなぜ原発を輸出するのか』（鈴木真奈美／平凡社新書）

著者紹介

内藤新吾（ないとう・しんご）

1961年生まれ。日本ルーテル神学大学・日本ルーテル神学校卒業。静岡県時代に「浜岡原発を考える静岡ネットワーク」役員を経験、現在は千葉県の日本福音ルーテル稔台教会牧師、日本キリスト教協議会「平和・核問題委員会」長、「原発体制を問うキリスト者ネットワーク」共同代表、「原子力行政を問い直す宗教者の会」事務局の一人。著書：『危険でも動かす原発』(自費、絶版)、『原発とキリスト教』(共著、新教出版社)、『自然の問題と聖典』(共著、キリスト新聞社)、『キリスト者として原発をどう考えるか』(いのちのことば社)、『クリスチャンとして憲法を考える』(共著、いのちのことば社)、『原発と宗教』(共著、いのちのことば社)、『ルターにおける聖書と神学』(共著、リトン)。

原発問題の深層 ― 一宗教者の見た闇の力 ―

2017年9月1日　発行

著　者　内藤新吾

発行者　松山　献

発行所　合同会社 かんよう出版

〒550-0002 大阪市西区江戸堀2-1-1 江戸堀センタービル9階

電話 06-6556-7651 FAX 06-7632-3039 http://kanyoushuppan.com

装　幀　堀木一男

印刷・製本　有限会社 オフィス泰

ISBN 978-4-906902-89-7 C0036